エンタープライズシステム

クラウド活用の教科書

AWSを使って
ビジネスを
加速するための
課題 ✚ 対策

Daisuke Minami
南大輔

三菱UFJインフォメーションテクノロジー株式会社　　技術評論社

▶▶▶**キーワードはスピード**

「最近辛いよ。昔に比べるとやることが増えて仕事がなかなか終わらないなぁ。一人でやることが増えているんだよ」

　飲み会でこんな愚痴をこぼすオジサンたち。まぁ、私もそんなオジサンの一人なんですが、そういう話が出るのはみなさんの会社だけではありません。少し広い視点で考えてみましょう。現在の日本では人口が減っています。そのため、経済規模を維持するために今まで以上にものを生産することが求められています。女性の社会進出、定年の延長、海外からの労働力受け入れなど、いろいろな施策があります。いずれも労働人口を確保する施策です。生産量を増やすにはもうひとつ重要な方法があります。それは一人当たりの生産性向上です。つまり、一人でできる仕事を増やすことも重要なのです。

　人は頑張っても持てる能力のせいぜい 1.X 倍を出すのが限界で、2 倍も 3 倍も増やせません。また、頑張ったところで集中力は続かないですし、あっという間に効率が悪くなってしまいます。つまり、気合で頑張れる限界はすぐに見えているので、効率的に仕事をするためには "やり方" を変える必要があります。IT にはこれらの "やり方" を変える大きな力があります。IT をうまく使うことは、システム化して日々の業務を効率化するということです。さらに、その力をもっと得ようとするにはもっとたくさんのシステムが必要になります。つまり、システムを生み出す "スピード" を上げて、たくさんシステム化できることが重要になります。

▶▶▶**システム構築にはスピードアップしやすい部分としにくい部分がある**

　システム構築はものづくりですが、ものづくりの中でも単純作業とそうでない作業があります。単純作業は効率化しやすいのですが、時代の進化とともに難しかった作業が単純になることがあります。私が若手だった 20 年前のシステム構築と、今のシステム構築は大分変わってきました。

　システム構築では要件定義を行い、外部設計で全体のアーキテクチャを設計してから、アプリケーションとインフラの開発に分かれて開発します。アプリケーション開発は言語が C から Java などに変わり、最近では Python が流行ってい

ます。言語自体の特性や、フレームワークの活用でコードの実装量は軽減してきました※。ただ、基本的にアプリケーション開発は日々の業務をビジネスロジックに置き換えてコーディングするものなので、ビジネスロジックが変わらなければ何倍も効率化するのが難しい領域です。

> ※『ソフトウェア開発データ白書 2016-2017』によると、工数、生産性の評価で C 言語よりも Java のほうが効率的になっていることが読み取れますが、平均的には 2 倍以上効率的になっていません。もっとも、アプリケーション開発の効率は、アーキテクチャ、フレームワークの有無、ツール、規模、業種によって大きく違いますし、画面や帳票数、DB の数、バッチ処理によっても変わってくるので比較が難しいですが、あくまでもレベル感としては、何倍も高速になることは稀だと思われます。
>
> https://www.ipa.go.jp/files/000057877.pdf

　一方、インフラ開発は、20 年前に比べるとはるかに合理化しやすくなりました。昔は難解な UNIX の設計やデバイス設定を職人ともいえる人が行っていましたが、現在では標準の Linux イメージテンプレートをクラウド上で簡単に展開でき、数分で起動することもできます。さらに、インフラリソースのコストも大きく下がりました。ハードウェアの革新が大きな影響を与えていますが、20 年前はもとより、5 年前と比べてもかなり進化していて、その流れは今後も続くでしょう。ハードウェアの革新は特にパフォーマンスに関する設計を楽にし、専門家でなくてもチューニング不要で扱えるものが増えました。

▶▶▶エンタープライズ（大企業）でスピードを追求する難しさ

　私はサービス提供までの期間短縮をスピードと捉えています。何か新しいシステムを作ろうというプロジェクトが立ち上がったら、リリースするまでが必要な期間で、その短縮が重要になってきます。

　アジャイル、DevOps を実践するとスピードアップしますが、これらの手法はスタートアップ企業のほうがうまく取り入れています。はじめたばかりであれば既存のやり方もないですし、人数が少ないのでアジャイル化しやすいという理由もあると思います。
　一方で、企業が大きくなればなるほど社会的な責任も増すので、法規制・会計

の対応、セキュリティの対応などが、重くのしかかります。グローバル企業であれば海外の規制対応も必要です。これらは長い歴史で積み上げられていますが、その多くはスピードと相反します。かといって、これらの対応をしないわけにはいかないので、うまく対処することが求められます。

実はこれらの多くの部分、たとえば内部統制にともなう開発と運用の分離の問題や、セキュリティの課題は、インフラをうまく構築することで解消する部分があります。特に最近では Infrastructure as Code が有名になりましたが、この概念の適用は重要です。エンタープライズならではの課題をうまく解決しながら、極力スピードを落とさないことが今後のシステム開発には求められます。

▶▶▶なぜ Amazon Web Services を検討すべきか？

まず、スピードアップにはクラウドが必要です。それは必要な時にリソースをすぐ確保できるからです。ただ本音を言えば、必ずしも Amazon Web Services（以降 AWS と記載）を利用する必要はないと思います。スピードが手に入るなら何でもいいからです。目的は AWS を使うことではなく、あくまでもスピードアップです。最近の AWS のサービス進化を見ているとよりエンタープライズを意識したものになってきました。2018 年の re:Invent が 11 月末に開催されましたが、より管理しやすく、多くのシステムを運用しやすくなってきています。そのため、クラウドを勉強したいのであれば、AWS をベンチマークにする必要があると私は考えます。

また、AWS が業界のリーダーであることから、利用者はそれを研究せずに Azure や GCP（Google Cloud Platform）を使うのは危険でしょう。業界のリーダーにはさまざまな強さがあります。私が感じる AWS の強さは、規模の大きさ、開発スピードの速さ、サービスの品揃え、そして優秀な人材を確保する力です。特に速さと品揃えはクラウドを勉強する者にとって外せないポイントだと思います。

今回、"どうすればスピードが上がるか？"の具体例を AWS を交えつつ記載し、エンタープライズの課題に対しての私なりのアプローチを方法を書いてみようと思います。エンタープライズに適用できる方法はスタートアップ企業にも有用なはずです。将来その会社が大きくなれば必ず難しい管理が求められるからです。そのため、私のアプローチがみなさんに少しでも役立ち、多くの人のスピードアップにつながればと思います。たとえ、一部でも構いませんので実践の参考になれば幸いです。

3章　開発プロセスを見直す

4章　組織を考えて自動化ツールの管理体系を検討する

5章　情報共有のあり方

6章　スピード型エンジニアとしての素養

7 章　Infrastructure as Code の進め方

8 章　スピードを支えるツール環境を準備する

11章　AWSをエンタープライズのシステムで使いこなすコツ

1章

エンタープライズ環境も
クラウドに移行する
時代がやってきた

クラウド移行の真の目的

システムをビジネスチャンスにマッチさせる

　最近ではどんな小さな仕事でも何らかのシステムが関連しつつあります。さらに、そのシステムは拡大の一途をたどり、常に仕事を効率化しつつ支えることが求められています。システムが会社を支えている、システムがないと何も仕事をできない、という現実があると思います。そう考えると、ビジネスとシステムは非常に近いものであり、ビジネスの拡大に合わせてシステムも拡大しなければなりません。ただ、そう考えたときに現実問題として大きな課題が立ちはだかります。それは、システムの構築には時間がかかるということです。

◎すぐにリリースすることができるとビジネス拡大のチャンスに間に合う

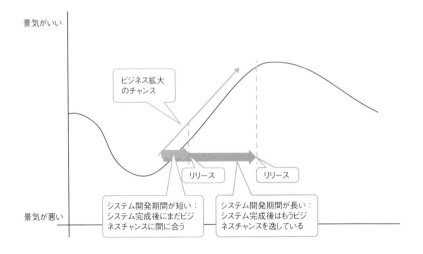

図示したように景気が良ければビジネス拡大のチャンスになります。ビジネスが拡大するのであればそれを支えるシステムも同じように拡大したいのですが、システムには開発が伴うため、リリースまでに時間がかかります。システム開発期間を短くすることができれば、リリースしたタイミングがまだビジネス拡大のチャンスに間に合うかもしれません。逆に、システム開発期間が長くなってしまうと、リリースする頃には景気は悪くなりはじめていて、ビジネスチャンスを逸していることも考えられます。そのため、システム開発において、リリースまでのリードタイムは非常に重要なものになります。

　また、ビジネスチャンスがあるのであればだれでもそのチャンスを狙います。つまり、ビジネスの拡大期にはほかの企業も同じようなサービス拡大を狙っています。サービス提供を先に行うことができれば先行者利益を獲得することが可能です。多くの顧客を獲得できればマーケットシェアでも有利になります。そのため、システムのリリースを短期間で行うことはビジネスチャンスの拡大期に乗るだけでなく、他社との競合においても非常に有利になるのです。

　ただ、ビジネスの世界は良い時ばかりではありません。景気が悪化する局面ではビジネスを縮小することも考えなければなりません。収益性の悪いビジネスからは撤退して、収益性の高い分野で勝負するほうがよいでしょう。そのため、ビジネスの世界では常に選択と集中が繰り返されるのですが、システムに関しても同じことが求められます。選択と集中はビジネスモデルの組み直しですが、システムの世界でいえば廃止や統合にあたります。システムをあるタイミングで捨て去るか、ほかのシステムに寄せて統合していくのです。

　システムの統合や廃止をしようとした場合、単に止めればいいということでもなくいろいろなことを考慮する必要があります。自社でデータセンターを持ってオンプレミス環境（以降オンプレと記載）にシステムを構築しているのであれば、残されるサーバーの活用も考える必要が出てきます。

ただ、実際には不要になったサーバーだけでシステムが組めることはほとんどありません。そうなると、数年前に購入したサーバーと、不足する分を新たに買い足してシステムを作り上げる必要が出てきます。さらに、システムはサポートやバージョンの観点から組み合わせに関しては困難な場合も多いのが現実です。さらに、古いサーバーと新しいサーバーを組み合わせた場合、次のサポート切れによってシステム更改するタイミングは古いサーバーのほうに依存してしまいます。そうなるととても非効率な状況になっていきます。

　それでは使い捨ててしまったほうがいいかといえば、それもまた難しいと思います。サーバーを撤去するには相応の撤去費用も必要になりますし、減価償却期間中であれば会計的にも対応が必要になります。このようにシステムの組み換えはビジネスで求められているスピードに追従するのが難しいのが実態です。

スピーディで柔軟なシステム構築が必要な時代になった

　「これまでシステムは 5 年使って当たり前で、システムを組み替えることはほとんどなかったではないか」という意見もあると思います。それはそのとおりなのですが、私は近い将来変わっていくと確信しています。20 年前はサーバーが非常に高価でした。メインフレームが主役で、いわゆる分散系システムは文字どおりメインフレームを補完するための周辺に分散したシステムでした。しかし、その後 10 年が経過し IA サーバー（Intel Architecture Server）に集約されはじめたころから、システムのハードウェアの価格は大きく下がりました。そして IA サーバーで組まれたシステムは徐々に脇役から主役になっていきました。さらにスマートフォンが普及し、それらの処理能力は飛躍的に向上しています。末端のユーザーや消費者にいたるまで、システムに触れることは日常の当たり前なことになりました。

　つまり、かつてはサーバーがかなり高価だっため、本当に重要な業務にしか投資できなかったのですが、現在ではちょっとした業務までシステム

化されています。システムは増加・拡大し、身の回りに溢れることになります。

　今後はビジネスチャンスをとらえるためにスピーディにシステムを構築することが求められ、さらにそのスピード感を維持した組み替えや統廃合も求められるのです。言葉で表現すると簡単ですが、実際には非常に難しい問題もたくさんあります。これらの問題を解決するひとつのトリガーになっているのがクラウドの活用です。ただ、クラウドを使ったからといって、すべての課題が解決するわけではありません。使い方が重要です。そこで、本書ではスピードを失わずにクラウドをどう使いこなしていくかを記載していきます。

スピードアップを妨げる課題

　さて、スピード感のあるシステム構築を意識しようと思ってもさまざまな課題があります。ここでは整理のため、次の3種類に分類します。

・経営管理
・現場理論
・テクニカル手法

　本書では「経営管理」以外の「現場理論」「テクニカル手法」について、2章以降で解説していきますが、まずは1章でそれぞれのポイントを簡単に記載し、全体の整理を行います。また、テクニカル手法の部分はクラウドを活用することで大きく改善する部分です。このため、1-2節以降ではクラウドの特性を AWS（Amazon Web Services）を例に整理します。

◎スピードアップするために解決しなければならない課題

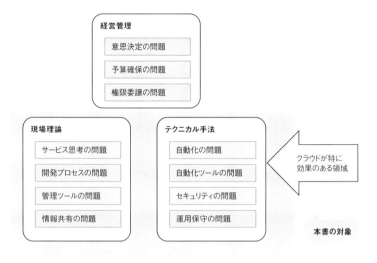

経営管理

　経営管理に分類したものとしては、「意思決定の問題」「予算確保の問題」「権限委譲の問題」などがあります。これらの課題に関しては本書では深く解説しませんが、簡単にポイントを記載しておきます。

▷意思決定の問題

　意思決定されるまでのスピードが遅い問題です。多くのエンタープライズ企業ではこの部分に課題があります。具体的には、稟議を記載してから決裁されるまで、かなり時間を要します。

▷予算確保の問題

　一般的なエンタープライズ企業では予算確保の枠組みがあります。もちろん理由があってのことですが、これらを改善する必要があります[※1]。

※1　詳しくは拙書『コスパのいいシステムの作り方』第1章をご参照ください。
　　　『コスパのいいシステムの作り方』南大輔 著／技術評論社／ISBN978-4-7741-9676-3

▷権限委譲の問題

　組織がスピードを生むには、ある程度自律的に組織が動ける必要があります。簡単に言えば自分だけで考えて動けるエリアの拡大です。今まではだれかに承認をもらう必要のあった部分が不要になればそれだけでスピードは上がります。

現場理論

　現場理論に関するものは全部で4つです。それぞれに問題があります。

・サービス思考の問題（2章）
・開発プロセスの問題（3章）
・管理ツールの問題（4章）
・情報共有の問題（5章）

▷サービス思考の問題

　特にインフラ担当が陥るマインドとして、「要件はすべてインフラを使う人（以降サービス利用者）に決めてもらう」というものがあります。もちろん、ある程度はサービス利用者に決めてもらう必要はあります。しかし、インフラ担当として経験的にこれくらいのリソースを使われることが多いというノウハウは蓄積されているはずです。ノウハウがあるのであれば、サービス利用者に要件を聞かずとも決めることはできるとは思いませんか？

　また、サービス利用者にあまり細かいパラメータを聞くのもあまり意味がありません。たとえば、ストレージ担当からすればIOPS（I/O Per Second：ストレージが1秒あたり処理できるI/Oアクセスの数）の指標は気になりますが、サービス利用者からすると試しに動かす以外に見積もることはほぼ不可能です。インフラ担当がサービス利用者に見積もれない値を聞くという行為は無駄だとは思いませんか？そういう無駄がスピードを阻害します。サービス思考とは、このよう

にインフラ担当がなんでもかんでも要件を聞かず、サービスとして定義して提供していく、という考え方です。

▷開発プロセスの問題

開発プロセスでスピードと結びつけられて議論されるのは、アジャイルやDevOpsでしょう。ただ、それらが自分たちの組織に最適かどうかはよく考える必要があります。アジャイルの手法はひとつのガイドラインで、そのまま取り込むよりも自分でカスタマイズすべきです。なお、アジャイルのようにトライアンドエラーできる仕組み、環境、マインドは重要で、本書ではそのような課題について整理していきます。

▷管理ツールの問題

ツールを導入しようとすると、「CI/CDならJenkins？」という具体的な議論に入ってしまいがちです。しかし、そもそもツールを選ぶ前にどうしたいかを考えておくことが重要です。「どうしたいか？」をよく考えること、それは自分たちの要件を見つめなおすことです。そこが定まっていないと失敗してしまいますし、後から方向性がブレる原因になります。なお、実際のツール選択は8章で解説します。

▷情報共有の問題

優れたビジネスマン、マネージャーなら気づいているでしょう。特にエンタープライズのように多くの人が関わるプロジェクトで情報のコントロールはコストコントロール以上に大切です。情報を見つけられないことはスピードを阻害する大きな要因です。組織の力を奪う、すべての人に関わる問題です。そのため、情報とは何か、どういうタイミングで価値を生むのかを整理する必要があります。

テクニカル部分も 4 つのパートに分けて解説していきます。

・自動化の問題（7 章）
・自動化ツールの問題（8 章）
・セキュリティの問題（9 章）
・運用保守の問題（10 章）

▷自動化の問題

クラウドを活用した自動化といえば、Infrastructure as Code という考え方が一般的です。クラウド環境ではインフラをコマンドで構築できるので（一般的には API をコールします）、そのコマンドを組み合わせて自動化することができます。そこにソフトウェア開発の理論を組み合わせて管理していくものになります。ただ、実際にやろうと思ってもどこから手を付ければいいかはなかなか難しい部分があります。そこで、7 章では Infrastructure as Code の進め方を噛み砕いて解説していきます。

▷自動化ツールの問題

CI/CD を実践するにはツールの整備が重要です。世の中にはいろいろなツールがありますが、8 章では私なりに考えるベストプラクティスを解説していきます。なぜこのツールを選んだのか、どのようにして使っていくのかを解説していきます。

▷セキュリティの問題

クラウドを利用していくうちにわかってくるのですが、オンプレと一番概念が異なるのがセキュリティの分野です。9 章ではクラウド上でなぜセキュリティのレベルを上げるのか、さらにどのように考えて整理していけばよいのかを解説していきます。

▷運用保守の問題

　エンタープライズで必須要件になるのが運用と保守についてです。運用と保守と聞いて、同じような言葉の定義として扱っていないでしょうか。運用と保守は明確に使い分けるべきです。10 章ではクラウド上でどのように運用と保守を実現していくのかを解説しています。

　このように本書ではさまざまな課題を前半部分で現場理論の整理、後半部分でテクニカル部分を加味して解説していきます。もし興味があり先に読みたいと思う部分があれば、飛ばして読んでいただくこともできます。内容はそれぞれが独立していますが、エンタープライズシステムをクラウド上に構築し、さらにそれがスピード感あるものにするには、全体理解の組み合わせが重要になりますので、実践していく上で必要なものから参考にし、組み上げていただけると幸いです。

本書における役割の呼び分け方

　エンジニアは、ときにサービスを提供する側であったり、利用する側であったりします。本書では登場人物を以下のように定義していますので、立場や状況によって読み分けていただけると幸いです。

● AWS 等のクラウド利用について
・クラウド業者：AWS などの事業者
・ゲスト：クラウド業者にとっての契約利用者
●クラウドに自社機能を追加したサービスについて
・サービス提供者：標準サービスとして提供する担当
・サービス利用者：提供されたサービスを使う担当
●システム利用について
・ユーザー：システムのオーナーであるビジネスサイドの人
・エンドユーザー：できあがったシステムの一般利用者

クラウドであれば本当はどこでもいい

　クラウドにシステムを作りたい場合に必ず満たしておくべき要件があります。その要件についてここでは記載します。逆に、ここで記載する要件が満たされるクラウドであれば、どこを選択しても構いません。本書ではAWSをベースに解説を進めていきますが、AWS以外ならAzureやGCP（Google Cloud Platform）でもいいでしょう。一番使いやすく、コスト効率の良い環境を選定すればよいと思います。

クラウドはすでに確保されたリソースを使う

　当たり前のことですが、クラウドを利用する場合はクラウド業者が用意した環境を使います。クラウド業者がデータセンターを構築し、ファシリティの整備（電源整備、冷却整備、日本だと耐震設備なども含みます）を行い、サーバーを設置したものの一部を利用することになります。

◎ AWS のリージョン、Availability Zone、データセンター（DC）の関係

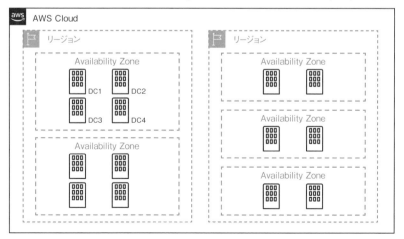

AWS の場合、リージョンが世界各地に多数存在します。1 つのリージョンは複数の Availability Zone（以下 AZ）で構成されています。1 つの AZ は複数のデータセンターで構成されています。ほかのクラウドでは若干の違いはありますが、このようにデータセンターレベルで冗長構成が組まれていることが一般的です。

　クラウド業者はこのように、データセンター単位で最適化しながら環境を作っていくわけですが、1 つのデータセンターを建てるときにはかなりのロット数で同じサーバーを入れるはずです。AWS であれば、インスタンスタイプごとに物理的なハードウェアが分かれていますが、小規模で使えるもの、汎用的なもの、ストレージに特化したもの、GPU を搭載したものなど、それぞれでかなりの数のサーバーを導入しています。

　クラウドではゲストがこれらのコンピューティングリソースを簡単にいつでも使えるので、その在庫はクラウド業者が抱えていることになります。ゲストから見れば、クラウド業者がサーバーの在庫リスクを抱えてくれていると見ることができます。

　なお、どのような業種にも言えることですが、在庫管理を行う場合、在庫が不足しても問題ですし、在庫が過剰になると利益率も下がり問題になります。つまり、不足しないギリギリを狙うのが鉄則になります。クラウドでも同様で、在庫は過剰過ぎないほうがよいということになります。もっとも頻繁に在庫が枯渇するようなクラウド業者は使い勝手が悪いのでユーザーは離れていくでしょうから、在庫の枯渇が発生しにくいようにコントロールしているはずです。ただ、ビジネスモデルの性質上、在庫が枯渇するリスクは常にあると考えるべきでしょう。そのため、ゲストは極力そういったリスクが顕在化しないように環境を選定する必要がありますし、システムを構築する必要があるということになります。

クラウドはコマンドで環境を構築できる

　先述したように、クラウドではすでにリソースが確保されているので、使いたいときにすぐ使うことができます。ここで重要なのはその使い勝手です。どのクラウドでも GUI（Graphical User Interface）を提供しています。要するに画面操作です。ただ、私が考える必須要件は CLI（Command Line Interface）です。

◎必要なのはコマンドでのコントロール

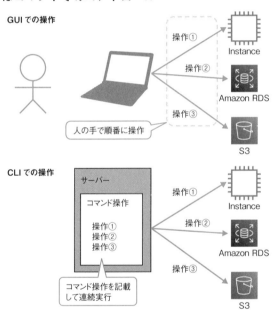

　GUI 操作の場合、必ず人が管理画面・コンソールにアクセスして操作します。一般的にはマウス操作を行うでしょう。AWS にインスタンスを構築するとき、マネージドサービスを呼び出すとき、Amazon S3（オブジェクトストレージ）にバケットを構築するときは GUI で構築することがで

きますが、これらは画面上で一つひとつ選択・入力しながら構築していきます。

　画面から操作できると、IT に馴染みのない人はわかりやすいと感じるでしょう。専門的な部分がわかりやすい画面にラッピングされているからです。しかし、環境を使いこなす上で GUI は使い勝手が良いものではありません。なぜなら、何度も構築するときに同じ操作を行わなければならないからです。毎回人が画面に向かい環境をセットするのは非常に効率が悪いばかりか、操作を間違えるリスクもあります。ミス無く効率化するには一連の作業を自動化する必要がありますが、そのためにはコマンドアクセスが必須になります。つまり、GUI から実行可能なすべての操作が CLI でできる必要があるのです。

　また、私が CLI が必須だと思っている理由はもうひとつあります。それは GUI の画面は頻繁に変更される点です。AWS でも当たり前のように GUI 画面は変わります。気がついたらメニューが増えていたり、プルダウンの内容が変わっていたり、ボタンの配置が変わっていたりします。一方で、CLI のほうのインターフェースはあまり変わることがありません。コマンド実行するために利用するゲストはいろいろな仕組みに CLI を組み込んでいるでしょう。そこが頻繁に変えられると問題になります。そのような利用や背景があり、より普遍的に使うには CLI のほうが向いていると私は考えます。

クラウドだと壊す・捨てるが可能

　すでに述べたようにクラウドでは十分なリソースが確保されており、それをコマンドで簡単に利用できます。つまり、システムの環境を簡単に作ることができます。ただ、簡単に作れるからといってたくさん作ってしまってはものすごい利用料になってしまいます。ゲストの観点からすると課金を抑えることは非常に重要なことです。クラウドでは使った時間だけ課金される従量課金モデルが基本なので、不要になった時点で削除することで

課金されなくなります。そのため、課金を抑えるためにシステムが不要に
なれば壊して捨てることができなければなりません。

◎ビジネス撤退した後の再利用

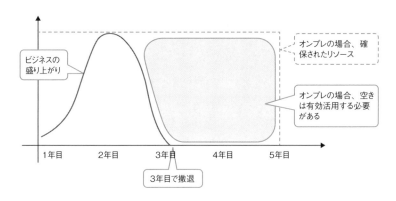

図は5年間の時間軸で記載しています。2年目にかけてサービスが順調
でしたが、3年目で何らかの理由で不調になり、ビジネス的に撤退すると
します。オンプレ環境の場合は購入したサーバーなどは5年間使用する前
提のことが多いため、使わなくなったリソースは再利用しなければなりま
せん。再利用が難しい場合はサーバーを撤去し、減価償却が残っていれば
除却する必要も出てくるでしょう。いずれにしても手間だけでなくコスト
もかなり発生します。そういうことを考えると、クラウドで可能な壊す・
捨てるは非常に魅力的なものになります。

ちなみに、どこのクラウドでもリソースの提供方法として、一定期間契
約するタイプがあります。それは不要になっても捨てることはできないの
で注意が必要です。AWSの場合であればリザーブドインスタンスが相当
します。リザーブドインスタンスは一定期間の利用コミットから利用料が
割引されるモデルで、ディスカウントもされています。自分がどの程度利
用するかをよく検討してお得なほうを選択するとよいと思います。

さて、クラウドの壊す・捨てるということが頻繁に可能なのであれば、上記のような5年だけでなく、1週間や1日といった単位でも作っては壊すということが可能になります。このような使い方が一番マッチするのがバッチ処理です。多くのシステムには、夜間や週末や月次で動くバッチ処理があると思います。バッチ処理はまとめて処理する特性から、オンライン処理とは異なり、大量のリソースを使うことが考えられます。オンプレ環境の場合は、大量に使われるリソースに合わせてサイジングし、サーバーを購入します。しかし、クラウドでは壊す・捨てるが可能なので、必要なタイミングに必要なリソースを獲得して、終わったら捨てます。さらにバッチ処理が重なる問題の解決策にもなります。問題がリソースの競合にあるなら、夜間バッチ用、週次バッチ用、月次バッチ用と環境を独立して構築すれば並行して動かせますので簡単に解消できます。このように、クラウドはときどき動く処理と相性が非常に良いことになりますが、それを実現するには壊す・捨てる、ができる必要があります。

　なお、選択するサービスによって課金モデルが違うことがあるので注意が必要です。たとえば、AWSではWindowsサーバーでインスタンス起動すると起動した時点で1時間分の料金がかかります。そのため、バッチ処理が30分で終わってすぐにシャットダウンしても1時間分は課金されるので、59分まで使うのが厳密にいうとお得です。Amazon Linuxの場合は秒課金なので処理が終わってすぐにシャットダウンしたほうがお得です。これらはクラウドのポリシーというよりはソフトウェアのライセンスが関係する問題なので、利用前によく確認したほうがよいでしょう。

AWS を理解する

フロントランナーはさまざまなことに チャレンジしている

　業界トップの会社には、一般的には以下の特権があると思います。

・業界ナンバーワンのブランドイメージ
・独自路線を切り拓く使命
・シェアもあるので規模の体力勝負に強い
・人材が集まる
・顧客がとりあえず候補にしてくれる

　最初に挙げたブランドイメージは一番大きいと思います。IT に関する
ネットの記事や雑誌を読んでいるとクラウドに関する記事は頻繁に目にし
ますが、かなり高い確率で AWS に関する記事が登場します。AWS がナ
ンバーワンであることが認知されていると、仮に AWS を除いてクラウド
を語るような記事を書くと信憑性が疑われます。もっとも Azure や GCP
の特集記事であれば別ですが、読者としては AWS 以外のクラウドの記事
を読むと、「結局トップ企業はどうなの？」と気になってしまうものです。
ブランドイメージにはそういう強力な意識が働きます。それはナンバーワ
ンの大きな特権でしょう。

　ブランドイメージは外から見えるものですが、次は中から生まれるもの
になります。基本的にトップ企業は 2 番手以下を気にしません。自分たち
のサービスが優れていて、顧客に受け入れられているならば、他社よりも

優れたサービスを提供できていることになります。そのため、2番手以降の企業を気にする意味がそれほどありません。まれに尖った技術やサービスで展開されるものがあると思うので、そういうものは確認することがあるとは思いますが、基本的に自分のライバルは自分ということになります。つまり、自分がより良くなるには、今の自分よりも進化する必要があります。そのため、トップ企業には後ろを見ずに前を向くことが強く求められるのです。この特性とマインドは非常に強力です。

2番手以降の企業も同じように進化する必要がありますが、それとともにトップ企業に追いつくためにトップ企業の進化や動向確認も求められてしまいます。つまり、自社の進化に100%のエネルギーを投入しにくくなります。一方、トップ企業は100%自分の進化のためにエネルギーを投入できます。私はこの差はかなり大きいと感じています。ここではエネルギーと記載しましたが、さまざまなものが考えられます。時間であったり、人員であったり、資産・資金などです。トップ企業はこれらを効率的に進化に使うことができます。

トップ企業はシェアが大きいので体力勝負に強くなります。特にクラウドの場合は規模の大きさが効いてくる業種なので、AWSのアドバンテージは大きいものになります。また、規模が大きいということは余剰リソースも大きくなります。仮に10%が余剰リソースだったとしても、その規模が100と50であった場合、それぞれ10%は10と5になり、規模の大きさがそのまま余剰リソースの差になります。余剰リソースが多いということはゲストから見ると使いたいときに使えるリソースが増えるということになります。もちろんその余剰リソースはすべてのゲストが使えるものですが、ゲスト目線で考えると、より使いやすいということになります。

AWSに限った話ではないですが、トップ企業には優秀な人材が集まりやすいです。働く側の人材、特にエンジニアからするとトップ企業は魅力があります。もちろん企業が大きくなっていれば分業していて担当できる

エリアが狭くなる可能性もありますが、トップ企業のノウハウを手に入れるチャンスもあります。単純に利益が上がっていればサラリーも充実しているかもしれませんし、日本人なら安定性に魅力を感じる人もいるでしょう。そう考えると必然的に優秀な人材が多く集まりますし、多く集まるということは会社側から考えると、人材をいろいろな分野に投入できるということになります。これらの動きによって、サービス提供は拡大していきます。

　最後は顧客の選択です。選択肢として、まずはトップ企業の商品を確認するでしょう。たとえば、車を買おうと思った場合、日本車であればトヨタ車を比較検討の軸にすることは多いと思います（特定の車やブランドを指名買いする場合は別です）。検討した結果、他社の車を買うかもしれませんが、選択肢に入る可能性は非常に高く、それは会社側から考えると顧客のほうからアプローチしてくれる可能性が高いということになります。この、会社としては何もしなくても顧客のほうからアプローチしてくれるのが、ナンバーワンの特権です。

　さて、AWSもトップ企業としてこれらのメリットは強く享受していると思います。このうち、クラウドの業界において特に重要なのが2番目の「独自路線を切り拓く使命」の部分です。進化が激しいため、少しでも進化が停滞するとそれは大きな企業リスクになります。そのため、新規サービスの導入と追加について常に注力していますし、ゲストからするとそのサービス進化を常にウォッチしておく必要があるということになります。

クラウドは多角的にサービス提供する必要がある

　さて、ここでAWSのサービスについて、代表的なものを確認しながらどのようにサービスが拡大してきたのかを振り返ってみたいと思います。本書では、エンタープライズでの利用を意識していますので、エンタープ

ライズ向けのサービスを中心に整理していきます。

◎ AWS で展開されてきた代表的なサービス※

	サービス追加など	主なイベントや流行
2006	S3、EC2、SQS	YouTube、ブログ、mixi
2008	EBS、CloudFront	マッシュアップ
2009	EMR、ELB、CloudWatch、EC2 Auto Scaling、VPC、RDS	Hadoop、クラウドコンピューティング（日本）
2010	CloudFormation、Route 53	Facebook が日本でも利用拡大
2011	Tokyo リージョン展開	Netflix 社 Chaos Monkey
2012	DynamoDB、Redshift、IAM	ビッグデータ
2013	CloudTrail、Kinesis	DevOps
2014	Aurora、Lambda	Docker、人工知能 / 機械学習
2015	CodePipeline、API Gateway、Elasticsearch、Snowball、IoT	FinTech、ブロックチェーン、Apache Spark
2016	EFS、Cloud9、Step Functions、Polly	IA（TensorFlow）
2017	Fargate	Kubernetes
2018	EKS、MSK	RPA

※正確には AWS のサービスには「Amazon」もしくは「AWS」が付きますが、便宜上省略しています。
※参考・出典
https://aws.amazon.com/jp/aws_history/details/
https://en.wikipedia.org/wiki/Amazon_Web_Services

　今でこそ AWS は多角的にサービス展開していますが、最初は基本的なコンピューティングリソースの提供からスタートしています。2006 年に S3、EC2、SQS が提供されます。S3 は AWS の核になるサービスですが、当時はオブジェクトストレージはそこまでメジャーではなかったと思います。2008 年にブロックストレージの EBS が登場し、仮想サーバーの EC2 と組み合わせられるようになりました。SQS でキュー連携し、WEB 系システムのために CloudFront で静的コンテンツを配信します。このあたりでインターネット系企業に必要なサービスが出そろってきたと思います。

私が転機になったと感じているのが2009年です。Hadoopの利用の高まりに呼応してEMRを提供し、リニアにスケールするインフラが必要になってきたことからELBやAutoScalingが登場します。さらに監視系のためのCloudWatchが提供されます。とりわけエンタープライズ向けという観点で一番大きいのはVPC（Amazon Virtual Private Cloud）だと思います。ここで初めてプライベートクラウドという概念が登場し、エンタープライズ向けの提供へ一歩進むことになります。ほかのクラウドと比べていち早く導入したプライベートクラウドという概念が、AWSのリードを決定づけたと感じています。さらに2010年になり、CloudFormationでインフラを管理できるようになり、DNSサービスであるRoute53も登場し、システム全体を構成する要素がかなり出そろってきたことになります。また、この年にはTwitterが、翌年にはFacebookが大流行し、ブログやmixiが中心だった日本のSNS文化が、今日では当たり前のSNSの時代に突入していきます。

　2011年には東京リージョンも展開されますが、個人的にはNetflix社Chaos Monkeyには衝撃を受けました。少なくとも私の常識では自分が構築するシステムの構成についてはテストしますが、クラウド全体をテストするような発想はありませんでした。当時はAWSの社員よりもNetflix社の社員のほうがAWSを知っていると言われたりしていましたが、スケールと発想の違いを感じました。2012年になるとDynamoDB、Redshiftが登場します。タイプの異なるデータベースですが、ビッグデータが当たり前の時代になり、それらのニーズにより登場したとも言えると思います。ビッグデータはバズワードから現実的なものになりましたが、それもSNSをはじめとする大量のデータが生成されることによると思います。さらにもうひとつ重要な機能、IAM（AWS Identity and Access Management）が登場します。翌年のCloudTrailと合わせてVPCの概念を補完するものです。これらの機能により、AWSの環境はエンタープライズでの利用が現実的になったと言えます。

　2014年になると少し変化が見えはじめます。このあたりからAWSの

サービス提供の多角化がはじまります。今まではEC2にブロックストレージであるEBSを追加したデータベースサービスが中心でしたが、Auroraが登場します。Auroraはストレージレイヤーから見直されたもので、アーキテクチャが大きく変わりました。また、Lambdaも登場します。サーバーレスという概念が生まれたこともありますが、個人的にはLambdaの登場はよりAWSのサービスを連結しやすくなったと感じています。Lambdaは、Lambda上に大量のコーディングをするものではなく、むしろコーディング量を減らして、サービス間をつなげる役割で考えたほうが合理的で効率も良いと思います。さらに2015年はさまざまなサービスが追加されます。CI/CDをサポートするCodePipelineやIoTまで、まったく違った分野のサービスが拡大していき、もはやAWSのサービス全体を理解するのは困難と思わせるレベルになります。

　2016年から現在に関しては特に語る必要もないと思いますが、一時的なブームと思われていたAI関連技術が実用の段階に入りました。もちろんSFの世界のようなAIとはまだだいぶ違いますが、実際のビジネスでも使える部分が増えたのも事実で、そういったものを補完するクラウドサービスが伸びてきたと言ってよいと思います。また、2017年はコンテナ技術でひとつのターニングポイントだったと思います。特に米国ではKubernetes祭りのような状況で、当時複数で争われていたコンテナ管理が、Kubernetesに決したタイミングです。それらの流れを敏感に察知してAWSもサービスを展開しています。

　このように、AWSの提供するサービスは当初のインフラだけにとどまらず、最近ではビジネスで利用するパーツを提供するようになりました。また、この多角化はクラウドの特性と相性が良いのもあり、現在のAWSの強みになっていると言えると思います。

エンタープライズユースにおける AWS の魅力

これまで述べてきたことと多少重複しますが、ここで AWS の魅力を整理したいと思います。私が感じる部分は大きく 2 点です。

・圧倒的なリソースを保持する
・エンタープライズユースで必要なサービスがそろっている

まず、リソースについてですが、これはトップを走りつづけていることで得られた優位性で実現されています。特に、大規模なリソースを確保したいときには差を感じる部分ですが、単純に持っているサーバーの数やリソースの量の違いはあると思います。

それから、AWS がすごいなと感じるのは、これだけ大量にあるリソースを接続するためのネットワークが強力だということです。詳細は次節で記載しますが、オンプレと比べても大きく差を感じるところです。ストレージアクセスもイーサネット（TCP/IP ベース）のようですが、自社でネットワーク機器も開発しているようなので、相当のこだわりをもってクラウドの全体を支える基礎工事に手間をかけていると思います。

余談にはなりますが、本当に大規模に AWS を使うのであれば東京リージョンではなく、アメリカのリージョンを使ったほうがいいと思います。公表された数字があるわけではありませんが、AWS が保持しているリソースの量が東京とは違いますし、値段もアメリカのほうが安いからです。

2 つ目のエンタープライズユースに必要なサービスですが、これはベースとなる VPC と IAM の機能がポイントと言っていいでしょう。これらをベースにセキュリティの設計をできるのは大きいですし、それを補完する監査ログ取得などの機能も充実しています。エンタープライズユースでは、単にコンピューティングリソースを使えるだけでは不十分で、特にク

ラウドは外部環境を共用するため、こちらの整理と安全性は非常に重要な
ポイントになります。なお、これらの内容については、9章のセキュリティ
部分で詳細に記載したいと思います。

　これら2点はいずれも性能であったりセキュリティであったり非機能に
なります。非機能が充実しているということはなかなか見えにくい部分で
すが、エンタープライズとして選択するときには極めて重要な要素です。
家を建てるときには上物の家よりも、もともとの土地や地盤が大事なのと
同じです。地盤が弱いとその上をどんなに強固に作っても歪みが生じ、問
題が発生します。
　なお、大量のリソースがあるので、性能向上が必要になってもシステム
の組み方でかなりの部分をフォローできます。そのため、初めてクラウド
を利用するときにはセキュリティとその管理方法について事前によく検討
することをおすすめします。AWSであれば、先に記載したVPCとIAM
の機能に加え、アカウントをどのように配置し、各システムをどう使って
いくかが重要になります。

クラウドとオンプレのコスト比較

「クラウドは安い」「クラウドで○○%コスト削減を実現」という話はよく耳にします。その一方で、実際に使ってみるとあまり安くないという話もまた耳にします。実際のところがどうなるのか気になっている方もの多いと思いますので、ここではオンプレとのコストの比較について記載していきます。

基本的なコストの考え方

そもそもの話になりますが、システムは動き方によってリソースの使われ方が常に変化しています。ピークがある場合もあればそうでない場合もありますが、ずっと一定というシステムは極めてまれだと思います。

◎処理量に合わせて必要になるリソース量

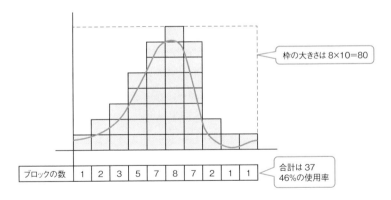

枠の大きさは 8×10=80

ブロックの数	1	2	3	5	7	8	7	2	1	1

合計は 37
46%の使用率

あるシステムのリソース使用率が図のようなグラフであったとした場合、

計算しやすいように必要なリソースをブロックで表現します。横は10マスで最大の部分が8マスなので、ピークに合わせてリソースを確保すると8 × 10 = 80 個のブロックが必要になります。一方で、グラフに合わせて必要なブロックを数えると37個になります。つまり、使用率は46%になります。もちろんOSのCPUを動的に追加したり減らすことはできないので、厳密にこのようなグラフに近づけることは難しいと思いますが、考え方としてはこのように「必要なときに必要なものを確保する」ことで、無駄のないリソース利用を実現できます。

　オンプレでシステムを構築する場合（仮想化してリソースを共有しない場合）はピークに合わせてリソースを確保しないと最大値のときに処理できなくなりますので、常に8 × 10 = 80 個分のリソースを確保することになります。確保した80個のうち、43個は使っていないことになるので、その分は無駄になっていると言えます。

　ここで注意が必要なのは**ブロック1個の値段はオンプレのほうが安い**ことが多いということです。仮に常に100%のリソースを使った場合はオンプレのほうが安くなります。図の例だと80個のブロックを使い切るような処理をするケースになります。

　クラウドは大量にリソースをまとめて確保するのでボリュームディスカウントが効いているはずですが、この例だと常に縦8マスの処理に耐えられるように在庫を抱えているので、その分が利用料に上乗せされています。つまり、コスト構造としては以下のようになります。

・**プラス要因：大量購入によるボリュームディスカウント**
・**マイナス要因：在庫を抱えることによるリスク分を利用料に上乗せ**

　このプラス要因とマイナス要因をよく理解しておく必要があります。

まず、オンプレが安くなるようなケースを検証します。

◎オンプレのほうが安くなるケース

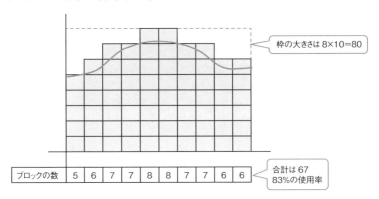

枠の大きさは 8×10 ＝ 80

ブロックの数 | 5 | 6 | 7 | 7 | 8 | 8 | 7 | 7 | 6 | 6

合計は 67
83％の使用率

　同じようにブロックで計算していきますが、今度は図の使用率が変わっています。全体の枠の量は $8 \times 10 = 80$ 個なので同じですが、使用したブロックは 67 個です。使用率は 83％になります。私の経験上このような動きをするシステムの場合オンプレのほうが安くなることが多いです。もちろんシステムが使う機器が何か、自社のデータセンターの規模がどうかなど、さまざまな要因がありますが、仮に私がプロジェクトリーダーで案件を任されているのであれば、オンプレで構築する場合とクラウドを利用する場合で相見積りを取ります。

　このように、オンプレとクラウドが逆転する理由は、リソースの使用率が高く、仮にオンプレに構築したとしても効率よくリソースを使い切れるからです。つまり、無駄がないということになります。その場合、ブロック1つの値段はクラウドのほうが高いので逆転してしまうのです。

　この逆転現象がどこで発生するのかを知りたくなると思いますが、そこ

はかなり難しい判断になります。完全に条件を同じにそろえることはできませんし、仮にAWSでもリージョンやインスタンスの選択によって大きく変わってくるからです。ただ、私の感覚ではひとつの判断ポイントは**リソース使用率7割**です。もし7割以上のリソースが使われるのであればオンプレを検討すべきです。逆に7割に満たない場合は何も考えずにクラウドを選択するほうがよいでしょう。個々の事情により線引きは難しいと思いますが、ひとつの判断軸として参考にしていただけると幸いです。

クラウドはミックスも可能

　さて、クラウドを利用するケースでもクラウド業者の在庫リスクが下がる方法があります。それは、ある期間で一定のリソースを確保する場合です。AWSの場合「リザーブドインスタンス」という、一定期間リソースを確保して占有できるモデルがあります。先ほどの例だと「一定期間80個を借りてしまう」ことを意味します。当然そうなるとクラウド業者は在庫を抱えずに済むことになるので、在庫リスクはなくなります。つまり、リスク分を料金に上乗せする必要がなくなるのでディスカウントすることができます。AWSのリザーブドインスタンスが安いのはこの理由によります。
　ここで次の図のようなパターンを考えてみます。

◎リザーブドインスタンスとオンデマンドインスタンスの組み合わせ

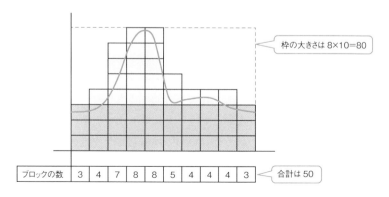

枠の大きさは 8×10＝80

| ブロックの数 | 3 | 4 | 7 | 8 | 8 | 5 | 4 | 4 | 4 | 3 |

合計は 50

今回のパターンではピーク性はありますが、一定数のリソースは常に使いつづけています。下段の3段分は常に処理があることになります。そのため、全体で使用しているブロックは50個ですが、下段の $3 \times 10 = 30$ 個と、上段の20個を分けて考えることができます。

下段の30個が常に使われているということは、そこだけで見ればリソース使用率は100%になります。そのため、この部分についてはクラウド業者から借り切ることで、ディスカウントを得やすくします。上段部分については、オンデマンドでリソースを借りることができます。

上段部分はピーク部分までで縦5ブロック分ありますので、上段の枠の大きさは50個になります。一方で使っているリソースは20個分でしたので、使用率は $20 \div 50 = 40\%$ になります。全部のリソースをオンデマンドで借りてしまうと $50 \div 80 = 62.5\%$ になりますので、使用率も全然違います。このように単価が高めのオンデマンドインスタンスと安めのリザーブドインスタンスを組み合わせることでコスト効率を上げることができます。

なお、下段部分をオンプレで運用する考え方もあると思いますが、私はあまりおすすめできません。理由としては運用や非機能、セキュリティに対する考え方が大きく異なるからです。別のシステムくらいに疎結合として分けられるのであればオンプレとクラウドのミックスも可能だと思いますが、少なくとも同じ業務を行うシステムであればクラウド上にまとめたほうがトータルとしては効率が良いでしょう。仮に多少コストが高くなったとしても保守・運用の手間がかからないほうがよいと思います。特に、オンプレとクラウドをミックスさせると高度なアーキテクトが必要になるかもしれません。そのような人材をあえて抱えてシステムを維持するのが良いかはよく考える必要があります。

クラウドはディスカウントされていく

さて、クラウドの特性としてそもそも単価が変わることがあります。以

下の例のように、仮にオンプレとクラウドで料金が同じ場合を考えます。

◎いま、**オンプレとクラウドで同じ料金**だとしても……

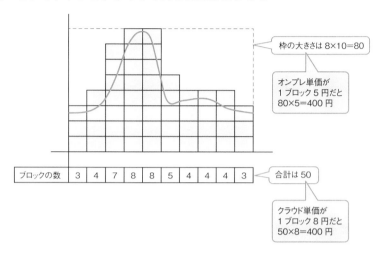

枠の大きさは 8×10＝80

オンプレ単価が
1 ブロック 5 円だと
80×5＝400 円

ブロックの数　3　4　7　8　8　5　4　4　4　3　　合計は 50

クラウド単価が
1 ブロック 8 円だと
50×8＝400 円

　オンプレは必要ブロック数が 80 個、単価が 5 円だとします。クラウド
は必要ブロック数が 50 個で単価が 8 円だとします。どちらも料金は 400
円で同じです。なお、話を簡単にするために上段、下段に分割する話はこ
こでは適用しません。

　クラウドのすごいところは、ここで設定されている「単価 8 円」が下が
る可能性があることです。AWS の場合、実際に過去 60 回以上値下げが
実施されています[2]。もちろん、自分が使っているサービスやサーバーが
毎回値下げの対象になるわけではありませんが、長期的に考えれば非常に
メリットがあります。さらに AWS で利用料の値下げが発表されると、次
回の請求から勝手に値下げが適用されます。ゲスト側は何もしなくても勝
手に請求される金額が下がります。ゲストからすると手間が一切かからず
に料金が下がるのでこんなにいいことはありません。オンプレでは実現

───────────────

※ 2　https://aws.amazon.com/jp/aws-ten-reasons/

不可能なことです。オンプレの場合は5年などの期間で減価償却し、場合によっては保守契約もするので、そのコストモデルを後から変更するのは非常に困難なのです。

　また、クラウドの場合新しい世代が次々に登場しますが、基本的に新しくなると安くなる傾向にあります。ハードウェアの単価が下がり、クラウド業者から見ると仕入れ値が下がるからでしょう。AWSの場合、さまざまなインスタンスがありますが、たとえば「m5.2xlarge」インスタンスの場合、mの次の"5"が世代になります。新しいものが出ると、6、7……という感じになります。そのため、最新のインスタンスが登場したら値段を確認することをオススメします。新しい世代のほうが安く設定されることが多いためです。もし安くなっているのであれば、一度インスタンスを停止して、新しい世代を選択して起動し直すだけで安くなります。なお、世代が変わるとCPUが変わりますので、その点だけは注意が必要です。クロック数が変わることで動きが変化する可能性がありますので、念のため性能影響がないかは確認したほうが無難です。

　また、AWSのインスタンスの場合、需給バランスで価格が変わる「スポットインスタンス」もあります。空いている在庫を有効活用するためのモデルになります。在庫を安く貸し出して少しでもコストを回収するのが狙いです。このようなスポットインスタンスは在庫に依存しますので、必ずしも最新のインスタンスが安いとは限らないので注意したほうがいいと思います。

　このようにクラウドの場合、当初の利用料から下がることがありますので、仮にオンプレとクラウドのコストがほぼ同じと見積もられた場合にはクラウドを選択したほうが優位です。また、インスタンスの変更も容易ですので、新しく安いものに切り替えられそうであれば乗り換えてしまったほうがお得になります。オンプレではこのような運用はできませんので、この考え方はクラウド特有のものになります。

2 章

インフラサービス提供
という概念を徹底する

顧客志向、利用者志向が最も重要

はじめに考えるべきは利用者のスキル

　スピード感をもってタイムリーにシステムを提供するのにクラウドという選択肢は非常に有用だということはおわかりいただけたと思いますが、なんでもかんでもクラウドの最新サービスを利用すればよいというわけでもありません。システムを構築するにはさまざまな要素がありますが、最終的に構築できなければ意味がありません。目的は新しい技術を使うことではなく、ビジネスを効率化する仕組みを提供することなので、極端なことを言えば、その手段はなんでも構いません。また、作った後もそのシステムとつきあっていく必要もあります。そうなると、自分たちの身の丈に合ったやり方を模索する必要があります。

　ここでオンプレとクラウドでそのサービスを利用する人、つまり開発者（エンジニア）のスキルを考えてみます。

◎オンプレとクラウドのスキルの比較

図の左側がオンプレ、右側がクラウドです。クラウドのほうは AWS の責任共有モデル[※1] をベースに記載しています。いろいろなプロジェクトの形態があるので、一概に述べることはできないと思いますが、多くの場合アプリケーション担当とインフラ担当でエンジニアを分けていることでしょう。組織が大きくなればその分業はより進むと思います。オンプレの図では、アプリケーションエンジニア、PaaS エンジニア、IaaS エンジニアと分割しています。また、それぞれ重なる部分がありますが、ここはお互いに理解したり、設計や設定を共有する必要がある部分です。

　仮に、自社にアプリケーションエンジニア、PaaS エンジニア、IaaS エンジニアがいると仮定した場合、それをクラウドにも適用していく必要があります。クラウドの場合、サービス利用者は OS 以上を操作できますので、仮想化層まではクラウド業者が対応する部分になります。オンプレと一番違うのはこの分業が明確に分かれているところで、お互いに注文することはできない、ということになります。特に、トラブルの時に日本人特有の原因をとことんベンダーに追及するような文化は馴染みません。IaaS 部分をブラックボックスとして受け入れる必要があります。とはいえ、インフラエンジニアは物理的にどう動くものなのかをある程度推察する必要があります。このようにクラウドを利用する場合、自社のどのエンジニアが対応できるのかをよく考えておく必要があります。

　ここまで記載した内容は一般的なサーバーを構築するケースです。AWS であれば EC2 上にシステムを構築するパターンになります。ただ、最近ではマネージドサービスやサーバーレスが盛んに利用されるようになっています。AWS で代表的なマネージドサービスは RDS になると思います。たとえば MySQL を使いたいと思ったときに、サービス利用者は EC2 上に MySQL を構築して利用するパターンと、RDS for MySQL を使うパターンの 2 通りの選択肢があります。マネージドサービスは AWS が

※1　https://aws.amazon.com/jp/compliance/shared-responsibility-model/

提供するデータベースサービスで、OS を触ることができません。そのため、責任共有モデルだとインフラエンジニアの担当部分が一部 AWS 側になります。サーバーレスの場合は、直接プログラムコードをコンテナ上で動作させますので、インフラエンジニアの担当エリアはほとんどありません。

　ここで難しいのは、インフラエンジニアの担当領域が減ってくると、そもそもインフラエンジニアが不要なのでは、と思われる部分です。自宅でサーバーを立てて自分で使うようなイメージであればインフラエンジニアは不要だと思いますが、エンタープライズ向けシステムとなるとそうもいきません。確かに仕事は減っているかもしれませんが、結局は物理的なサーバーの上に動作するものなので、そこの理解がないとしっかりしたシステムが構築できません。

　さらに、難しいのはインフラエンジニアの仕事が減ってはいるものの、担当するエリアが増えているということです。先に述べましたが、インフラエンジニアはシステムが物理的にどう動くものなのか、ある程度推察する必要があります。そこが理解できないと非機能要件に対応するのが難しいのですが、それはインフラエンジニアとしてかなり幅広いスキルを求めていることを意味しています。つまり、クラウド時代のインフラ担当の責任分界点は OS よりも上のレイヤーですが、同時に OS よりも下のレイヤー（クラウド業者側の実装やシステムとしての動作）を推察するスキルも身につける必要があります。そこを意識した上で自分たちがクラウドをどこまで使いこなせるか考える必要があります。

　なお、このような担当エリアの拡大はアプリケーションエンジニアでも同じです。クラウドの利用ではインフラが簡単に利用できるというメリットが強調されがちですが、それはインフラを理解しないと使えないという裏返しでもあります。マネージドサービスを使うことで、簡単に利用することはできますが、それはあくまでも利用できるだけであって、システムとしてどう動いているのかを理解することはやはり重要です。さらに、サーバーレスにチャレンジするのであれば、マイクロサービスやアジャイルな

ど、新しい方式や開発プロセスも理解している必要があります。そのため、アプリケーションエンジニアもまたかなり幅広いスキルが求められます。

なお、私の解釈ではAWSの責任共有モデルには抜けがあると思っています。それはセキュリティに関しての部分です。AWSのサービスが複雑化していて、その管理が難しくなっていますが、それは暗号化でもOSのファイアウォールでもありません。サービスごとの権限（ロール）設定になりますが、そこは図に示したようにインフラエンジニアが担う必要があります。アプリケーションエンジニア側が設定すると管理や統制ができなくなります。そのため、特に初めてエンタープライズ向けにクラウドを利用する場合にはここの考慮漏れがないようにすべきですし、見えないコストがかなりかかる部分になります。なお、セキュリティの難しさについては9章で詳細に解説していますので、そちらもご参照ください。

コラム：Capital One のデータ漏えい事件

　2019年8月に、米国の銀行であるCapital Oneから1億件以上の個人情報が漏えいしました。

・Information on the Capital One Cyber Incident（英語）
　https://www.capitalone.com/facts2019/

　直接的な原因としては、EC2上に構築したWAF（Web Application Firewall）の設定ミスにより侵入されたと言われています。また、EC2に割り当てていたIAMロールの権限が強力であったことから被害が拡大しました。詳細な分析については公式サイトや多くのブログで記載されていますし、FBIの起訴状も確認できますのでそちらに譲るとして、ここではどのようにこの問題に対処すればよいのかを考えてみたいと思います。

そもそも、先に記載した責任共有モデルにはIAMロールの設計の難しさが表現されていませんし、具体的なレイヤーとして明示されていません。ただ、実際にはそこの設計と設定が非常に重要で、ミスがあるとこのような重大な事件に発展します。

　特に、この事件で衝撃的だったのがCapital Oneが起こしてしまったという事実です。Capital OneはNetflix社同様、AWSに精通した先進的な会社です。AWSを利用する上でのセキュリティに対しても非常に気を遣っていて、おそらく世界でもトップクラスのナレッジを持っている会社のひとつです。加えて、Capital OneはCloud Custodian[2]というOSSの管理ツールも公開しています。また、AWSのイベントなどでも多数講演していて、金融系のクラウド利用のフロントランナーと言って間違いのない会社です。私の知る限り、アメリカの銀行の中では一番知見を有しています。

　そんな会社であっても、一歩間違うととんでもない事件になってしまうのがクラウドのリスクです。ちょっとした設定ミスが命取りになるのですが、それはこれまでのオンプレにはない難しさです。そのため、責任共有モデルにも表現されていないのですが、極めて重要な要素のため、しっかりと検討しなければなりません。

実態を把握してからニーズを検討

　さて、自分たちのスキルを把握して、AWSをEC2のような仮想サーバーとして使うのか、マネージドサービスやサーバーレスまで検討するのかで進め方が変わってきます。システム構築のニーズとして、新規構築と既存システムのマイグレーションがあります。自社のニーズとしてどのパター

※2　https://cloudcustodian.io/

ンが求められているのかをここでは整理します。

◎ AWS 利用のニーズをマトリクス化

	既存システムのマイグレーション	新規システム構築
仮想サーバーベースの構築	ニーズが多くなりがち ①既存リフト：アーキテクチャをあまり変更せずにクラウド化	そこまでニーズは多くない ③新規システムの仮想サーバー利用：ナレッジが不足していてエンジニア確保が困難な場合に選択
サーバーレス、マネージドサービスを積極利用	そこまでニーズは多くない ②既存リフト＆シフト：アーキテクチャをクラウドに合わせて最適化する	ニーズが多くなりがち ④新規サーバーレス、マネージドサービス化：最適なアーキテクチャを検討できるので効率を求める

①既存リフト

　まず、既存システムのマイグレーションです。すでにビジネスがある会社では、それに関連するシステムがあるはずです。そういったシステムのコスト削減の一環としてクラウドへのマイグレーションがニーズとしては一番多いと思います。オンプレで運用しているシステムの保守切れが来るタイミングで移行先をクラウドにするケースです。**リフト**と呼ばれたりしますが、アーキテクチャをあまり変更せずにクラウド化する方法になります。オンプレの場合、IA サーバー上にベアメタルで構築しているか、VMware などで仮想化していると思いますので、そのサーバーをそのままクラウドに移行することを考えるパターンになります。OS 単位でのマイグレーションになるので、AWS であれば EC2 の利用を検討します。

②既存リフト＆シフト

　既存システムのマイグレーションで、一気にコンテナ化・サーバーレス化するパターンもあります。クラウド化（リフト）しつつ、アーキテクチャも見直す（**シフト**させる）方法です。当然ながら仕組みも大きく変わりま

すし、それに伴って構築範囲も広くなります。また、アプリケーションのリファクタリングも必要になるので、インフラエンジニアだけでなく、アプリケーションエンジニアにもハイスキルが求められます。そのため、リフト&シフトを一気にできるかは先に記載したスキルも重要になります。

③新規システムの仮想サーバー利用

新規システムの構築で、仮想サーバーベースを進めるパターンです。新規システムの場合は既存のシステムがないので制約なく検討することが可能です。そのときに制約となるのは自分たちのノウハウ不足でしょう。仮にマネージドサービスを使いこなせるのであればはじめから利用したほうがよいでしょう。それが難しい場合は、自分たちの馴染みのある仮想サーバーで構築します。AWSであればEC2を利用することで、オンプレと同じようにOS上にシステムを構築できます。これまで使ってきたツールもそのまま使えるでしょう。

このパターンを選択する理由としては、ノウハウ蓄積のためにいったん新規システムをパイロット的にクラウドに構築するケースになると思います。ただその場合、後にアーキテクチャの最適化が求められる可能性があることは考えておく必要があります。具体的には、マネージドサービスへの移行を事前にイメージしておく必要があります。

④新規サーバーレス、マネージドサービス化

最後に新規システムでかつサーバーレスやマネージドサービスを使う場合です。対応のハードルは一番高くなります。このパターンに入ってくるケースとしてはビジネスサイドのニーズが強いときになります。今すぐクラウドで新しいマネージドサービスを利用しつつサービス展開したい、というときです。このようなケースでは利用するクラウドサービスありきの部分がありますので、それを前提に検討を進めることになると思います。特にビッグデータやAI、IoTなどの最新技術を組み合わせたい場合はこのパターンになります。

以上をふまえて、自社のニーズがどこにあるのかを検討することが重要です。エンタープライズでは既存のシステムがあるケースが多いので、おすすめとしてはマイグレーションでいったんリフトしてノウハウを溜めて、そのノウハウを活用して新規システムを新しいアーキテクチャで組む方法です（図の矢印のような流れです）。一言でクラウド化といっても、結局は人のナレッジが追いつかないと実現できませんので、どのような流れで進めるかの分析は重要です。

ニーズにマッチしたサービスを定義

　さて、ニーズがわかってきたら、次はシステム構築のための事前準備が必要です。さまざまなシステムをクラウドに構築する前に、共通機能を整理・準備する必要があります。よく利用される機能をサービスとして提供できるように定義します。

　なお、ここで「サービス」と記載していますが、よりサービス利用者がすぐに使えるという意図を込めて記載しています。人によって感じ方は異なると思いますので、もっと良い表現があれば、変更すればよいと思いますし、そういった細かい検討も重要だと思います。詳しくは、P.58のコラム『「サービス」と「機能」』をご参照ください。

◎提供するサービスを定義

カテゴリ	提供内容
AP サーバー	・Apache Tomcat ・WebLogic ・JBoss など
DB サーバー	・Oracle DB ・MySQL など

◎提供するサービスを定義（続き）

その他共通機能	・オブジェクトストレージ ・時刻同期 ・ロードバランサー ・ファイル連携 ・キュー連携 ・認証
共通セキュリティ機能	・権限コントロール ・アカウント、ID 管理 ・WAF、IDS など
運用監視機能	・ジョブ ・バックアップ ・監視機能(サーバー死活監視、メッセージ監視) ・トラブルリカバリ

　代表的なサービスを提供メニューとして整備していきます。たとえば、仮想サーバーベースの既存システムのマイグレーションを行うのであれば、オンプレで使っている製品をラインナップしたほうがいいでしょう。AP サーバーであれば Tomcat や WebLogic など、すでに馴染みがあるものから作っていきます。同様に DB サーバーであれば Oracle DB や MySQL などの RDBMS を整備するのがよいと思います。多くのシステムが AP サーバーや DB サーバーを使いますので、特に需要のあるものから整備したほうが効率は良くなります。

　それらの整備が終わればほかの共通メニューの提供を準備していきます。特にクラウドではオブジェクトストレージ（AWS では S3）が重要なので、そこの整備は早めに行ったほうがいいでしょう。

　その他、早めに整備したほうがいいと思うものはロードバランサーでしょうか。ロードバランサーをクラウド上に自前で構築するといろいろと難しくなります。ロードバランサーは性能だけでなく可用性も意識しますので、物理的なロケーションを考慮する必要が出てくるからです。そのた

め、AWSであれば、はじめからELBを使う思想で整備したほうがよい
と思います。

　なお、データベースについてもクラウドで利用できるものを活用した
ほうが効率が良いと思います。Oracle DBをAWS上で使うのであれば、
EC2上に構築せず、RDS for Oracleを選択すべきです。

　一方で、早急に整備しきらなくてもよいものもあります。時刻同期や連
携機能、運用監視機能などは、オンプレのものをそのまま使うこともでき
ます。クラウド上にシステムが増加してクラウドだけでコントロールした
くなるのであれば別ですが、マイグレーション当初であれば、APサーバー
やDBサーバーなどの主要ミドルウェアを中心に整備を進め、それらを支
えるシステムは劣後させることも選択肢になります。

　セキュリティ関係のメニューも整備の優先順位づけが必要です。権限の
コントロールや、アカウント、ID管理などは一番最初に行う必要があり
ます。これらは街づくりでいうと区画整理のガイドラインになる部分なの
で、ここを未整備で無計画に進めると後から修正できなくなりますし、結
果的にかなり非効率になります。逆にセキュリティ機能でもWAFやIDS
などのサービスは大規模なWeb系システムを構築しない限り不要でしょ
う。マイグレーションするシステムにもよりますが、社内向けのシステム
であればこういったものも劣後させます。

　ここでは言葉を大切にするという観点で、サービスと機能を掘り下げます。あくまでも私のイメージになりますが、機能と表現されると、どうしてもその仕様を理解して、利用する側がうまく使わなければならないイメージがあります。うまく使うには理解が必要で、簡単に使えない感じがしてしまいます。

　逆にサービスというと、特に深く考えずにとりあえず使ってみるとうまく動いてくれる感じがします。細かい設定を理解しなくても、よほど特別な使い方をしなければ使えるイメージです。たとえば、iPhone を買ったとして、いきなり電源を入れても深く考えずに使うことができると思います。はじめは多少慣れも必要ですが、マニュアルを読まなければならないことはほとんどないと思います。私の考えるサービスのイメージはこのような感じです。

　もちろん iPhone を使うのとシステムを構築するのはレベル感が全然違いますが、それでも使う上で知識を要求せずに使えるほうが理想で、そのような使い方をされても問題がないように提供者は設計すべきです。

　また、マニュアルや仕様書に定義するとそのメンテナンスも大変です。サービス利用者は仕様書を読むという作業が面倒ですが、提供者も同じようにそれを作るのは面倒なのです。面倒なのであればそれを無くすように考える必要があり、設計や仕様上のリスクを多少負ったとしてもそれは実現すべきです。そういう意味でサービスと機能という言葉には大きな違いがあると思いますし、提供者はマインドチェンジが必要です。

提供側がリスクを取るサービス設計

オンプレでも共通サービスを提供した人はわかると思いますが、提供したサービスに何か問題があったときのサービス利用者からの苦情は激しいことがあります。時には無理難題を言われることもあるでしょうし、時間的に無茶な要求をされることがあります。そういったことが繰り返されると、提供側のマインドとしては守りに入ります。つまり、責任の所在を明確にして、要求されたものしか提供しないということが発生します。

たとえば、共有ストレージを提供していた場合で、あるシステムが大量のアクセスをしてI/Oに遅延が発生したとしましょう。大量アクセスしたシステムは自分で行ったことなので特に何も言ってこないかもしれませんが、その影響でほかのシステムが遅延してトラブルになった場合、苦情が入ることが予想されます。そのため、そういうことが発生すると、提供側はサービス利用者ごとに利用する上限を設けようとします。ただ、これが不幸のはじまりなのです。

この不幸には2つのものがあります。

- **リソースが余ってしまう不幸**
- **サービス利用者が利用するときに面倒になる不幸**

リソースが余ってしまう不幸

1つ目はリソースが余ってしまう問題です。仮に最大100のリソースがあり、10システムで10を上限に設定したとします。全システムが常に10を使っていれば効率的ですが、いつもそんなに使い切ることがないのがシステムの常です。

◎システムごとに厳密に余剰を管理すると余剰はかなり多くなる

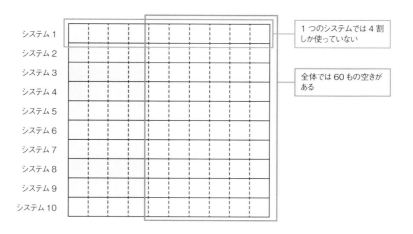

仮に全システムが最大の4割しか使っていないとすると、4 × 10 = 40で使用率は40%になります。残りの60%は10システムの余剰の合計です。余剰としては大量にあるので、これらはもっと効率的に使うべきでしょうし、単純にもったいないことになります。サービス利用者が多少処理が遅くなったとしても苦情を入れなければ、もっと融通してリソースを使えたかもしれないのです。60も余っているのであれば仮に30使ったとしてもまだ余剰は30あります。30のリソースを使うことができればいろいろなことができるでしょう。

　なお、これらの考え方については、拙著の『コスパのいいシステムの作り方』の第10章「仮想化でリソースを効率的に扱う」で詳しく解説していますので、興味があれば参照してみてください。

サービス利用者が利用するときに面倒になる不幸
　2つ目は利用するときに面倒になってしまう不幸です。前述のようにストレージのI/Oで遅延が発生して守りに入った設計を行うと大変です。たとえばストレージの場合、OSから見ると共有ストレージ（ブロックス

トレージ）はデバイスとして見えます。Linux でいうと /dev/sda、/dev/sdb などです。そのデバイスごとに上限を設定しなければならなくなりますが、具体的にはそれぞれに IOPS を設定していきます。実際に設計してみるとわかりますが、デバイスごとに IOPS を見積もるなどということは不可能です。

サービス利用者が過度に苦情を入れるとこのような細かい設計を要求されてしまい、結果的に利用者が不幸になるということは、よく考える必要があります。

さて、この負のスパイラルを打開するには、結局のところ提供側がリスクを取るしかありません。リソースの例としてわかりやすいのでストレージを示しましたが、ほかにも DB のパラメーターなども挙げられます。Oracle DB であれば数百もパラメーターがありますが、これらを毎回設定するとなると設計が大変です。ある程度は標準化したとしても、システムに依存する部分はかなりあります。そこを細かく設定しようとすると図のような状況になります。

◎サービス提供者と利用者の考えの違い

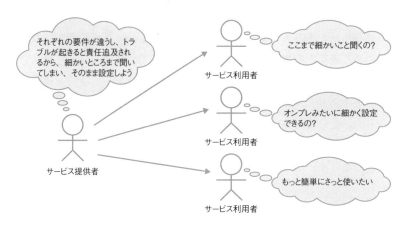

提供側はリスクを取りたくないので、仮にオンプレで細かくヒアリングして設定していればそのまま適用しようとします。一方でサービス利用者はクラウドなら簡単に使えると思っている人も多いので、あまり面倒な設定をヒアリングすると不満に感じるでしょう（まれにそういう設計が好きな人もいて、細かく聞かれて提供者が困るケースもありますが……）。ただ、総じてヒアリングする項目を極力減らして簡単に使えるようにすべきだと思いますし、そのほうがサービス利用者には喜ばれます。提供側はサービス利用者が使いやすいものを提供しなければならないと思いますので、基本的に歓迎されるものを目指すべきです。

　なお、提供側がリスクを取らなければならないもうひとつの問題があります。最終的には細かい設計をしなければならないのですが、それをどこで行うかで仕事の効率性が変わります。図の提供者が設計を行って、サービス利用者はそのまま使えるのであれば設計回数は1回で済みますが、右側のサービス利用者ごとに設計することにしてしまうと、3回設計する必要が出てきます。

　さらに、設計するということは、設計できるエンジニアを集める必要もあります。高度な設計をしようとするとエンジニアを集めるだけでも大変ですし、仮に集まらずに詳しくない人間が設計するとこれもまた不幸の入り口に一歩足を踏み入れることになります。基本的には提供者側にはノウハウのある人員が配置されていることが多いので、実際にはサービス利用者側では設計しきれないことを考えると、リスクを取った設計を提供側がする必要があります。

　こういった分業の背景に対する理解は非常に重要で、クレーマーのようなサービス利用者は結果的に自分の首を絞めていることをよく理解しておく必要があります。

リスクを取るサービス設計の進め方

徹底的にパラメータを減らしてサービスをメニュー化

　前項では提供者がリスクを取るべきという話をしましたが、もう少し具体的に内容を見ていきましょう。パラメータを減らす場合にどれをどう減らすか、というところがポイントです。

◎サーバーひとつ作るにもさまざまなパラメータが必要になる

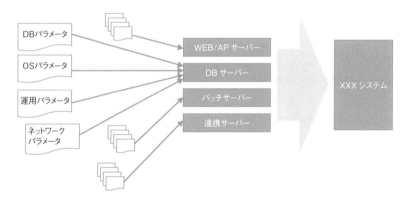

　たとえばDBサーバーを設計する場合を考えましょう。すると図のように、DBサーバーのパラメーターはもちろん、OSのパラメーターも必要ですし、運用するためにツールやミドルウェアのパラメーターなど、必要なものは多岐にわたります。これらを整理する上で重要なのは、次のようにパラメーターのパターンごとに分けて考えることです。

・リソースの増減によって変えるパラメーター

・環境によって変更が必要なパラメーター

・固定パラメーター

リソースの増減によって変えるパラメーター

　たとえば、AWS 上に構築する場合、DB サーバーのスペックを決める
のは EC2 のインスタンスタイプです（考え方を説明するため、RDS を使
わない場合で解説します）。そのため、設計する上でインスタンスタイプ
が変わったときの変更作業を少なくするようにしなければなりません。イ
ンスタンスタイプが変わるということは CPU 数とメモリサイズが変わる
ということです。つまり、CPU 数とメモリサイズは頻繁に変わり、それ
らが変わっても自動で構成が変わるように設計しなければなりません。

　ちなみに、製品にもよりますが、CPU とメモリサイズの両方を導出項
目としてプロセスに割り当てられるメモリのサイズが決まることもありま
すので、そういう組み合わせによるケアも必要です。CPU 数が変わる場合、
メモリサイズが変わる場合であっても、しっかりと反映されるかは確認し
ておかなければなりません。

環境によって変更が必要なパラメーター

　典型的な例としては IP アドレスやホスト名が挙げられます。DB サー
バーのメニューを作ったとして、サーバーを次々に作っていくことになり
ますが、IP アドレスは一つとして同じものが使えません。毎回変わるパ
ラメーターです。このような部分は絶対に変わるものとしてはじめから設
計する必要がありますし、変わることによって影響がないようにしなけれ
ばなりません。

　なお、IP アドレスは DB サーバーを構築するには必要なパラメーター
ですが、サービス利用者に聞かなくてもいいパラメーターです。サービス
利用者からすればなんでもいいので割り当ててもらえばよいということに
なります。ホスト名も同様です。ホスト名が絶対にこれでなければならな

いというシステムは見たことがありません。ただし、まったくでたらめな
ホスト名だと使いにくいので、一定のルールで命名して提供したほうがよ
いでしょう。たとえば、「最初の3ケタはシステムコード、次の2ケタは
DBサーバーなどのサーバー種別、最後の3ケタはサーバーの通し番号」
という感じです。

　このように、サービス利用者にまったく確認せずに設定できるものもあ
れば、あるルールを決めることによって確認せずに済むものもあります。
いずれにしろサービス利用者に確認しなくて済むということは、ヒアリン
グしなくて済みますので、双方の手間が減ります。

固定パラメーター

　固定パラメーターについては、社内に標準構成があるのであればそれを
適用したほうがよいでしょう。AWS環境の場合、EC2に構築するのであ
れば、OSに対してデフォルトの追加設定が必要です。RDSでDBサーバー
を提供する場合も同様です。RDSのパラメーターが完ぺきとは限らない
ので社内標準と比べてどうか、セキュリティ上問題のないものになってい
るかは確認すべきです。なお、標準自体の作り方や考え方は、拙書『コス
パのいいシステムの作り方』の「第6章　標準化でコストダウンは図れる
か」にて詳しく解説していますので、そちらも参照いただけると幸いです。

メニューとAWSのサービスのマッチングを確認

　さて、続いて作りたいメニューとクラウドで提供されるメニューのマッ
チングの確認です。AWSでDBサーバーを提供する場合、RDSのほうが
推奨と記載しましたが、RDSを使う場合多少制約があります。その制約
を許容できるかがメニュー化のポイントになります。

　もし許容できない場合はEC2に構築して展開すればよいのですが、手
間がかかる可能性もありますので難しい判断です。特にAWSの場合EC2
で作ろうとしている間に、同じようなサービスがマネージドサービスで提

供されてしまうことがあります。もう少し早くわかっていれば作らなかったのに…… と思うこともありますが、こればかりはクラウド側のメニューなのでどうしようもありません。確かに開発中のものがあればアナウンスしてもらえると助かりますが、それは同時にライバル企業にも伝わってしまうので前もって伝えるのは難しいでしょう。さらに、アナウンスしたとしてもそれが計画どおりにリリースできる保証もないですし、もしリリースが遅れれば顧客の不満になるので、クラウド業者としては発表が難しいと思います。

◎自社の標準提供とクラウド提供のマッチングを確認

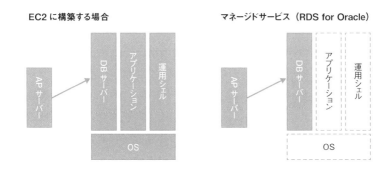

EC2 に構築する場合

マネージドサービス（RDS for Oracle）

では具体的にマッチングを確認していきます。ここではたびたび例に出している AWS の RDS で解説します。より具体的にイメージしやすいので RDS for Oracle で解説します。RDS の一番の特徴は AWS が提供するマネージドサービスなので、OS に対してゲストはアクセスできないことです。そのためオンプレで使っている DB サーバーとは少し勝手が違ってきます。

オンプレで使っている場合は図の左側の EC2 で構築するのとほぼ同じイメージでしょう。OS が存在して、そこに対してアクセスできますので、DB サーバー以外にもアプリケーションを配置したり運用シェルを配置することが可能です。DB サーバーにアクセスするにしても別のサーバー

からアクセスすることもできますし、OSにログインしてDBサーバーにアクセス（OS認証を使う）することも可能です。特にバッチ処理などはDBサーバー上で実行することもあると思います。

　一方でRDSのほうはというと、OSにアクセスできませんのでアプリケーションを配置したり、運用シェルを動かすことができません。そのため、マイグレーションをしたいのであれば、これらの代替策が必要です。また、Oracle DBのデータをダンプするときにDataPumpを使うことがあると思いますが、OS上にダンプできないので、S3に落とす考慮が必要になります。

　このように、サービスメニューを実装しようとすると、若干変えなければならないことがあります。そのため、極力サービス利用者がどのように利用するかを意識しながらメニューを設計する必要があります。

定義したサービスをシステムに当てはめて検証

　さて、今度はメニューを組み合わせて考えたときのマッチングです。先ほどはDBサーバー自体のマッチングでしたがここではメニューを組み合わせたときのシステムとの整合性を考えていきます。

　次ページに示す図のように、メニューとしては、WEB/APサーバー、DBサーバー、バッチサーバー、連携サーバーを準備したとします。なお、バッチサーバーはバッチ処理を行うためのパッケージやライブラリ、ジョブをコントロールする機能などがあるものを想定しています。連携サーバーのほうはファイル連携以外にもMQ連携などもありますので、そういった製品群が入っているものを想定しています。

◎準備したメニューでシステムを構成できるか検証

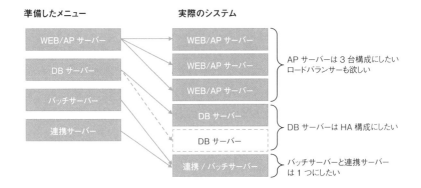

実際にシステムとして組んでみると以下のような構成になったとします。

・WEB/AP サーバーは複数台必要だったのでロードバランサーが必要
・DB サーバーは可用性確保のために HA 構成にしたい

　これらのニーズはほかのシステムでも当てはまるかもしれません。その
ため、こういう構成が組めるようにメニューを設計しておく必要がありま
す。さらに、こういうニーズが多ければ、ロードバランサーのメニュー化
を急いだほうがよいこともわかります。
　一方で難しいのがバッチサーバーと連携サーバーについてです。今回の
システムではインスタンスの課金を抑えるために1台にまとめたい、ま
た連携したファイルをそのままバッチ処理したいのでやはり1台にまとめ
たいというニーズがあったとします。とはいえ、すべてのシステムでこの
ようにまとめるニーズがあるわけでもありません。連携サーバーが不要で
バッチサーバーのみが必要な場合もあるでしょう。そうなってくると、バッ
チサーバー、連携サーバー、連携／バッチサーバーの3パターンの準備が
必要になりますが、メニューが増えるとその分メンテナンスの負荷が増大
します。しかも同じようなものを提供するのにバリエーションが増えてし

まうと非効率です。

　実際のニーズに合わせて考えることも重要ですが、バランスを考えることも重要です。今回の場合、サービス利用者に対してはバッチサーバーと連携サーバーは1つにできないと回答するのも手だと思いますし、連携サーバーだけ提供して、バッチサーバー分は独自に追加してもらうのもありかもしれません。いずれにしろ、いくつかのシステムを題材にして、全体のバランスを考えて汎用的なメニューを設計することが重要です。

サービスが変更に強いかを確認する

　最後は設計したサービスが変更に強いかを確認します。システムは構築したまま使われることはまれです。少なくともビジネスのプロセスが改善されれば、システムに変化が生まれるでしょうし、ビジネスが顧客に受け入れられていれば処理量も増えるでしょうからシステムリソースにも変化が生まれます。そのため、図に示す観点でサービスが変更に耐えうるかを確認します。

◎変化のパターンに対応できるかを検証する

要素	変更タイプ	具体例
追加・拡大	スケールアップ	DB サーバーの CPU 追加
	スケールアウト	WEB/AP サーバーの台数を増やす
削除・縮小	スケールダウン	割り当てたディスクの縮小
	スケールイン	WEB/AP サーバーの台数を減らす
	削除	環境ごと削除する

　システムの変化には追加・拡大と、削除・縮小があります。追加・拡大のほうは、スケールアップとスケールアウトです。システムを組むときにはどちらの方法で拡張させるかを事前に決めておく必要があります。WEB/AP サーバーをスケールアウトする方針なのであればロードバラン

サーが必要でしょうし、DB サーバーのようにスケールアップする場合は
CPU、メモリの追加が必要です。AWS であれば一度 OS を停止してイン
スタンスタイプを 1 ランク上のインスタンスに変更することになります。
そういう変化が提供するサービスで問題なく機能するかの確認が必要です。

　逆に、削除・縮小の場合には、スケールダウン、スケールイン、削除が
考えられます。経験上、スケールダウンを選択することは少ないですが、
手段として取れたほうがよいでしょう。スケールインのほうは WEB/AP
サーバーや、大規模バッチ処理を並列処理するときにはよく行われますの
で、実行できるように設計しておくべきでしょう。

　削除に関してもあらかじめ考えておくとよいと思います。単に削除と
いっても、インスタンスを削除する場合とデータも全部消してしまう場合
が考えられます。AWS の場合、インスタンスを削除するとインスタンス
の課金を抑えられます。ただ、その場合 OS イメージが残るので EBS（ブ
ロックストレージ）は課金されます。EBS の利用料も削減したいものの
後々使いたくなる可能性があるならば、OS イメージを S3 に残しておく
ことも可能です。特にクラウドの場合、課金を抑えるために削除・縮小の
考え方は重要なので、提供するサービスがそれに耐えうるものかは必ず確
認しておく必要があります。

マニュアルは極力作成しない

みんなのためのマニュアルはだれにも読まれない

　マニュアルの作成は非常に難しいと思います。過去に何度か経験がありますが、標準化してマニュアルやガイドを作成していくと、数年後には数百ページになっていたことがあります。実際に読み手からすると、忙しい業務の合間に100ページ以上の大作を渡されてしまうとかなり厳しいと思います。読んでいる暇がないというのが実際のところです。システム開発だけではないですが、得てしてマニュアルは分厚くて読むのが大変です。

　そもそもマニュアルが分厚くなってしまうのには理由があります。それは読み手の知識に差があるからです。システムでいえばITリテラシーの差によって内容が変わります。一言でITリテラシーといってもそこはまた難しい問題があります。たとえばアプリケーションエンジニアにインフラの内容を聞いたところでわからないでしょう。また、APサーバーに詳しい人にDBサーバーの話をしてもなかなか理解が及ばないと思います。システム構築は分業しているので、それぞれの専門家がいて専門外の部分の話をするとわからないのはしかたがないことです。ただ、そういうところまで考えてマニュアルを作ってしまうと結果的に膨大なものになります。膨大になるとそれだけで読む気力が失われますし、それをメンテナンスするのも大変です。

マニュアルは5分で読み切れるものに

　マニュアルは読んでもらえてはじめて意味があるので、読み手の意識を理解することが重要です。たとえば、仕事をしているときに30分以上集

中できる時間を確保するのが難しいということがあると思います。メールがたくさん送られてくるかもしれませんし、打ち合わせがあったり、電話がかかってくることもあるでしょう。そのため、読み手は連続した時間を確保するのが難しいという前提でマニュアルを作成しなければなりません。

指標としては5分くらいで内容がわかる単位に分割します。5分くらいなら時間を確保できるでしょうし、集中力が切れることもないと思います。もちろん5分で表現できることには限界があるので、細かなところは詳細を記載した別紙にしたほうがいいでしょう。あまりにも別紙が多くなるとそれはそれで大変ですが、別紙の単位が整理されていればまだわかりやすくなります。読み手からすると詳細に知りたい部分があるはずで、そこに対して効果的にたどり着ければよいということになります。

また、ITリテラシーの差を埋めるための解説もできるだけ控える必要があります。あまり詳しくない人にとってはわかりやすい解説があったら理解しやすいかもしれませんが、わからないものを理解するというのもまたITリテラシーの一部だと考えています。たとえば、アプリケーションエンジニアはAPサーバーのことは詳しく知らないと思いますが、経験のあるエンジニアであればどうすれば知ることができるかがわかっています。

詳しくないことに直面した際の行動で、人は2パターンに分けることができます。自分で調べる人と調べない人です。調べることは非常に重要で、いろいろなものを調べているうちに、仮にわからなくても調べれば理解できるということがわかります。調べ方が体感的にわかるようになるといったほうがいいかもしれません。マニュアルが膨大になるか否かは、どちらの読み手を意識するかで変わります。

私はマニュアルを作成する上で、調べればわかることを記載すべきではないと思います。少なくともGoogleで検索してすぐにわかる内容は記載すべきではありません。そういった情報が混在することによってマニュアルが膨大化してしまい、それによって多くの読み手の時間をロスするほうが非効率だと思います。仕事をする上で一定のITリテラシーは身につけてもらう前提としてマニュアルは作成すべきです。

コンシェルジュに注力する

　ここまではマニュアルを大作化させないためのものでしたが、ここからはクラウドならではの話です。

　現状のクラウド環境は機能追加や変更が激しいです。AWSでも毎年行われるre:Inventでさまざまなサービスが発表されます。re:Inventでは、特にAWSを使っていて「こんな機能があればいいのに」というものが毎年いくつも追加されます。そのため、AWS環境を運用していて欲しい機能がないので作りこもうかと思っていても、9月以降にはためらわれます（毎年11月から12月に開催されるため）。頑張って作っているそばから同じような機能がAWSから提供されてはたまりません。このように非常に早いペースで改良や新機能が登場するので、仮に独自の自社向けサービスを開発しても、その後AWS純正の機能に合わせる必要が出てきたりすれば、相当な手間と労力が必要です。もちろん独自機能を追加するとそれに伴ってマニュアルの作成が必要になります。結局、仕事をしていく上で時間は限られているので、効率の良いところから集中して対応していくしかありません。

　ここでマニュアルの目的をもう一度考えてみましょう。マニュアルは、定型化してまとめることで効率良く、わからない人に物事を伝えることが目的です。ただ、体感的に読むよりも聞いてしまったほうが早いと思ったことがある人は多いと思います。実際に自分が知りたいことがどこに書いてあるかわからないマニュアルを読んで探すよりも、詳しい人に聞いたほうが早いでしょう。ただ、ここでひとつ問題があります。知りたいと思っている人と、それを伝えられる人の割合です。ほとんどのケースで、知りたい人のほうが圧倒的に多いのです。そのため、毎回詳しい人に聞いていると、その人は仕事ができなくなるので、そのためにマニュアルを作成して読んでおいてもらう必要があります。

ただ、クラウドの場合は先に述べたようにマニュアル自体の追加・変更が激しいので、そのための労力がかなりかかります。頑張ってマニュアルを作成しても数人読んだ後にもう変更しなければならない、というのも効率が悪くなります。そこでクラウドの場合にはコンシェルジュ担当を配置するのが重要になります。

◎コンシェルジュを配置して合理化

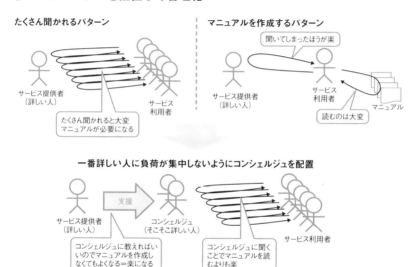

　コンシェルジュ（呼び名はなんでもいいと思います）はこれらの問題を解決できます。サービス利用者からするとAWSネイティブのサービスと、自社開発のサービスの両方を理解するのはかなり難しいので、そこをマニュアルから読み取ろうとすると間違ってしまうこともあると思います。設計を間違うとそれは大きな手戻りが発生するので、当然効率が悪くなります。そのため、コンシェルジュが的確にガイドすることでそういった間違いを減らすことができます。当然サービス利用者はマニュアルを読む手間も減るのでかなり楽になります。

一方でサービスの提供側もコンシェルジュを配置することでかなり助かります。コンシェルジュに口頭で伝えることでマニュアル作成の負荷が大幅に削減できるからです。また、経験的にわかったことですが、コンシェルジュとサービス提供者は明確に分ける必要はありません。サービスを設計して提供できる人はおそらく一番詳しい人です。コンシェルジュはそこまで詳しくなくても、うまくシステムを構築する組み合わせをガイドできればいいので、そう考えれば詳しい人の見習いでも構わないことになります。仮にコンシェルジュがガイドしきれないときにはサービス提供者が同行してサービス利用者をガイドすればいいのです。

　なお、私はコンシェルジュは必ず2人以上配置するようにしています。サービス利用者に対してマニュアルではなく口頭でフォローしていくことになるので、時にはいい方法が思いつかず、また重要なことが漏れたりしてガイドに失敗することもあります。それを防ぐ意味で2人以上いたほうが、提供できるガイドの品質が安定します。さらに2人以上で組むことによって、コンシェルジュ内部でも先輩・後輩関係を築くことが可能になり、ノウハウやスキルの伝承が可能になります。このあたりはチーム運営のノウハウと同じですが、一人に依存する作業ができてしまうとその作業を組織的に対応するのが難しくなります。

細かな説明は毎回違う要件に合わせてコンシェルジュで吸収

　クラウドを利用しはじめると、これまでとは勝手が違ってくる部分がどうしてもあります。AWSの場合であれば以下の要素が複雑に絡むケースなどは注意が必要です。

・マネージドサービスを使いたい
・ほかのサービスと連携でAWS Lambdaを使いたい
・Lambda実行に関してIAMポリシーの整理も必要

これらの設計は非常に難しく、さらに AWS のマニュアルを読んでも簡単には理解できないケースがありますし、場合よっては詳細が書かれていない場合もあります。そのため、仕様を確認しようと思っても時間がかかるケースがあるので、実際に設定して動作検証してしまったほうが早いことも多々あります。そのため、これらのニーズに応えるためにはサービス化とメニュー化だけでは困難で、サンドボックス的にトライアンドエラーに対応できるようにしておく必要があります。そのための窓口としてはコンシェルジュが最適です。

　もちろん、コンシェルジュはすでに記載したように一番詳しい人ではありません。ただ、要件を聞いてある程度のハンドリングはできますので、慣れてくれば自分で実機を使って試すことが可能です。実際に試してわからなければ、先ほどの図「コンシェルジュを配置して合理化」で記載したサービス提供者（詳しい人）に聞くことも可能ですし、コンシェルジュからベンダーのサポート問い合わせをしてもいいでしょう。

　いずれにしろ、サービス利用者と話しているといろいろな要求や疑問をぶつけられることがありますので、組織としてはそれに対応できるようにすべきですし、フレキシブルな対応を取れるように環境を整えておくことが一番重要です。実際にこのような問題はクラウド環境を使い込んでいくと見えてくる部分でもありますので、どういう対応が合理的なのかは常に考えておく必要があります。

コンシェルジュでニーズの多いものを 次のサービスへ

　コンシェルジュはサービス利用者と相対する部分なので、サービス利用者の希望や本音を一番聞ける部分です。一般的に企業は顧客のニーズ、顧客の声を大事にすべきだと言われることが多いですが、同じことです。サービス提供者もある意味社内に向けてですがサービスを販売しているようなものなので、サービス利用者に使ってもらって喜ばれるものでなければ意

味がありません。もちろん限られたマンパワーでの対応になるので、すべての要求に応えることは不可能です。また、社内の標準の観点から、個別の要求にはあえて応じず、一定のパターンに収束させる必要もあります。そのため、どのニーズに対応して、どれは諦めるのかを決めることが重要です。

　では、どうやってニーズから次の標準サービスにつなげればよいのでしょうか。ここは難しい部分がありますが、私は全体最適を考えることを重視しています。つまり、サービス利用者からのニーズが本当に効率の良いものなのかを判断することです。たとえば、AWS が提供している RDS のうち、RDS for Oracle と MySQL をサービスとして整備していたとしましょう。そこへ Aurora PostgreSQL を使いたいというニーズが発生したらどうでしょうか？ 手段としては以下のようなパターンが考えられます。

① RDS for MySQL に誘導する
② Aurora PostgreSQL を整備する
③ RDS for PostgreSQL へ一時的にガイドする

　①は MySQL を使ってもらうパターンです。ニーズを詳細に確認する必要がありますが、DB を変更できるのであれば一番手っ取り早い方法です。サービス提供者側は特別に対応が必要ありませんので、追加コストはサービス利用者側の変更コストのみです。

　②は要望に応じるケースです。今後も利用増加が見込まれるのであれば整備してしまったほうが合理的でしょう。ただ、OSS ベースのものとしてすでに MySQL が整備済みであれば、もうひとつサービスを準備するかは悩ましい部分です。サービスが増えればそれだけ維持コストも増えます。そのため、整備コストに加え、増加する維持コストも加味して、それでも整備する意義があれば対応します。

　③は暫定案です。標準的なサービスとしては整備せずに、今回だけの特別対応になります。すでに RDS for MySQL の知見があるのであれば流

用できる部分も多いので、RDS for PostgreSQL を推奨します。基本的に RDS for PostgreSQL も Aurora PostgreSQL もアプリケーションからの動作には差がありませんので、ニーズを満たすことはできます。

このように、ニーズはさまざまなものがあり、その都度合理的な対応を考える必要があります。結局サービス化するかどうかは今後のニーズ次第なので、状況をうまく判断して対応できるとよいと思います。

利用者へのサービス概要説明の機会を作る

最後は一般的な話ですが、啓蒙活動の必要性です。特にクラウドではどうしてもオンプレ環境と異なる部分がありますので、そこを将来のサービス利用者にうまく伝える必要があります。サービス利用者がある程度具体的にどう使いたいかがわかっていればコンシェルジュで対応できますが、まだ漠然となんとなくクラウドを使ってみたい、というような段階においては、まとまった啓蒙活動のほうが効果的です。

啓蒙活動するときもコンシェルジュのメンバーは活躍できます。実際にサービス利用者と相対していますので、いくつかの案件を経験すると、サービス利用者がどういうことを聞きたいのかがなんとなくわかってきます。聞きたいことがわかっていれば、それを伝えることが効果的ですし、このような見えないノウハウはマニュアルでは表現できない部分です。

最短で効果的に情報をどのように伝達すべきかをよく考えて組織を作り、対応していく必要があります。

3章

開発プロセスを見直す

アジャイルや DevOps が目的ではない

自分たちに合った開発プロセスは何か？

　開発プロセスには、ウォーターフォール、スパイラル開発、アジャイル開発など、さまざまなスタイル（モデル）がありますが、それらのどれかが自分たちに完璧にマッチしている、というようなことは現実的にはほぼないと思います。ここで大事なことは、そのスタイルに合わせるのではなく、自分たちに合った開発プロセスを自分たちで作り出すことです。

◎自分たちにマッチする開発プロセスは何か？

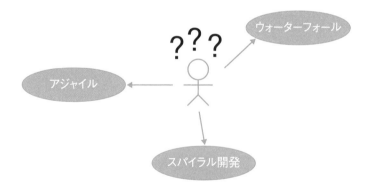

　ここでは開発プロセスの細かな学術的分類をするつもりはありません。そのため、詳細には解説しませんが、背景理解のために簡単にそれぞれのプロセスを解説します。

ウォーターフォール

　日本のエンタープライズ企業におけるシステム開発で、一番馴染みが深いのがウォーターフォールでしょう。人がプロジェクトを考えてタスクを整理していくときに最も直感的でわかりやすいものだと思います。ウォーターフォールの優れている点は大規模開発に強いところです。はじめに立てた計画どおりに進めるのでタスクを細分化しやすく、スケールしやすいのも特徴です。

　一方で、一般的には変化に弱く手戻りが発生したときには生産性が下がると言われています。ただ、個人的にはそれは教科書どおりにウォーターフォールを実践した場合であって、実際のプロジェクトでは必ずしもそういうことは発生しません。もちろんコミュニケーションやマネージメントの良し悪しはあると思いますが、ウォーターフォールであってもリスク管理されて、問題点をはじめに洗い出すように管理していれば、ほとんどのケースで問題が発生しないと思いますし、早めに対処することが可能です。

スパイラル開発

　スパイラル開発については、最近ではあまり聞かなくなりましたが、個人的にはエンタープライズの開発には非常にマッチングがいいと思いますし、アジャイルとウォーターフォールのいいとこ取りという感じがします。私が初めて体験したスパイラル開発は Rational Unified Process（いわゆる RUP）です。考え方は非常に好きで、プロセスの整理がよくできていました。

　スパイラル開発の優れている点はウォーターフォールからの移行が感覚的にやりやすいということだと思います。方向づけや推敲フェーズはウォーターフォールのフェーズ分けに感覚的に近いです。一般的に外部設計、内部設計を行いますが、その呼び名が変わることと、位置づけを少し変えることで移行しやすいと思います。RUP は厳密なプロセスを求めるものではなく、定義されているプロセスから必要なもの選ぶことで、自分たちに合ったものにします。そういう意味でエッセンスを抽出する考え方

にもマッチします。そのため、スパイラル開発をする意識がなくてもウォーターフォールですでに同じようなことができているケースもあります。たとえば、リスク分析ができていれば、外部設計の前にそのリスクを減らす動きをするでしょう。それは推敲フェーズと似たようなことを行っているとも言え、部分的に取り込めているとも言えます。

アジャイル開発

　最後にアジャイル開発ですが、最近では最も人気のある開発プロセスだと思います。ただ、エンタープライズではなかなか導入が難しい部分があります。大規模プロジェクトへの適用が難しいのが最大の理由だと思います。アジャイルを大規模に行うことは不可能ではないですが、スクラムオブスクラムを考える必要があります。結局は組織の階層化なのですが、階層化して管理するとどうしてもウォーターフォール的な考えのほうに寄っていってしまいます。

　また、エンタープライズの領域ではウォーターフォールのほうが馴染みがあるので、無理に管理方法を変えるならウォーターフォールのほうが効率的とも言えるのが適用の難しさの要因だと思います。特に、日本のIT産業は実態としてピラミッド型の階層構造です。良いか悪いかは別として、一次請け、二次請け…… というこの構造が、そもそもウォーターフォールと相性が良いと思います。

　大規模にアジャイルを実践しようとすると、このような会社間のコミュニケーションをクリアし、スキルやナレッジを均一化する必要も出てきます。加えて階層構造に関連する契約の問題も解消する必要があります。これらも難しさの一因です。アジャイルを支持する人はこの一次受け、二次受け…… という階層構造自体を否定することが多いですが、実態を伴った解の提示はあまりなく、理想論で語られることが多いので、現場からすると絵に描いた餅のような印象を受けます。

　このように、それぞれのプロセスにはメリットとデメリットがあります。

そのため、極力デメリットを打ち消すための考え方を選んで取り込んでいけばいいのです。ウォーターフォールでプロジェクトを失敗させないようにするにはリスクの把握が一番大切です。その問題の解決策のヒントはアジャイル開発の中にもありますので、仮に自分のプロジェクトがウォーターフォールだったとしても、アジャイル開発の良い点を取り入れればいいと思います。

アジャイルからエッセンスを盗む

さて、多くのエンタープライズ企業がウォーターフォールを採用していると思いますので、どのようにアジャイルのエッセンスを取り込んでいけばよいかをここでは解説します。

そもそもアジャイルが登場した背景としてウォーターフォールの問題、つまり変化に弱く、リリースが遅いという問題があります。そのためにアジャイル開発では変化を許容し、変化に対応するために短い期間で継続的にサービスをリリースします。ウォーターフォールだとはじめにカッチリと長期プランニングするので、リリースする頃にはビジネスに変化が生まれていて、この差分を吸収するのが難しくなることがあります。

ただ、実際には純粋にアジャイルを適用しようと思っても簡単ではありません。本書ではエンタープライズがクラウドを利用する想定なので、クラウド環境構築をアジャイル化する場合で考えます[※1]。

※1　いろいろなところでアジャイルと言われますが、もともとはソフトウェア開発の手法なので、インフラ構築に当てはめると無理が生じる部分があります。ただ、最近ではインフラ構築がソフトウェア開発化してきていますので、参考にできる部分は多くあります。

◎並行開発の度合いを現実に合わせて上げていく

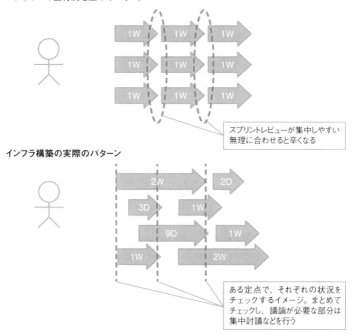

アジャイルで並行度を上げていくパターン

1W 1W 1W
1W 1W 1W
1W 1W 1W

スプリントレビューが集中しやすい
無理に合わせると辛くなる

インフラ構築の実際のパターン

2W 2D
3D 1W
9D 1W
1W 2W

ある定点で、それぞれの状況を
チェックするイメージ。まとめて
チェックし、議論が必要な部分は
集中討議などを行う

　アジャイル開発では、1回のスプリントを1週間にすることが推奨されます（場合によっては1～2週間）。図の上段のイメージです。開発しているプロジェクトが1つなら問題ないでしょうが、実際には複数のプロジェクトが並行で動いていますので、それらをうまく関連させる必要があります。3つくらいまでならなんとかなると思いますが、並行度が10近くなるとかなりコントロールが難しくなります。それぞれを1週間のスプリントで合わせると、複数プロジェクトのスプリントレビューも週末に重なりますので、運営が難しくなります。金曜日が丸一日レビューで埋まることになるでしょう。

　また、実際の開発はすべてが1週間かかるものではありません。1日もかからないものもあれば数週間かかるものもあるでしょう。つまり、スプ

リント期間の定義が難しいプロジェクトが複数混在するのが実態です。そのため、インフラ構築の場合、教科書どおりにアジャイルだからスプリントを定義して……、と進めるのは難しいと思います。ある程度細かい粒度でタスクを定義して変化に強くしつつ、複数プロジェクトをまとめて効率的にチェックすることも必要です。

　図の下のほうでは、いろいろなタイプのプロジェクトが並行で存在し、それらを1週間ごとにまとめてチェックしているイメージです。私はチェックするサイクルとして1週間くらいがリズムを取りやすいと思いますが、長すぎても短すぎてもだめなので、そこは運用してみて改善すべきです。実際に毎日、2日おきなど、いろいろ試しましたが、結果的には1週間に落ち着いています。

　なお、アジャイルから学ぶことはほかにもあります。アジャイルはコミュニケーションを重要視します。これは本来ウォーターフォールでも同じなのですが、アジャイルのほうがその部分をより強く意識しています。個人的には、ウォーターフォールのほうが管理者主体のプロセスで、アジャイルのほうが現場の人主体のプロセスと思えることがあります。

　たとえば、バックログ管理をすると、あっという間にバックログが溜まってしまいます。もちろんウォーターフォールでも課題管理をするのでやっていることは同じなのですが、アジャイルのほうが粒度が細かく、数も多いと思います。そのため、優先順位の判断や、バックログのクローズにかけられる時間が限られています。時間が限られているということは即断即決が必要になってくるのですが、それを行うには良いコミュニケーションが取れていないと不可能です。また、プロジェクト参加者の知識や意識レベルも近くないと、その判断にブレが生じます。こういう微妙な違いや、アジャイルのほうが良い部分はウォーターフォールにも取り入れられないか考えるべきです。

　ちなみに、取り入れるエッセンスについて体系的にまとめられるといい

のですが、私自身いつも手探りで進めています。ひとつだけお伝えできることがあるとすれば、さまざまな開発プロセスに興味をもって、とりあえず自分の組織に取り入れてみることです。メンバーで議論し、実践してみてうまく機能すればよいですし、ダメならまた考えればいいのです。先ほどのチェックタイミングについても、いろいろ試してみてちょうどいいやり方を見つけています。1週間に一度と記載しましたが、緊急で相談や議論ができるように2日に一度は相談できる枠があります。順調にいっていればその枠は使いませんし、問題があればそこで集中討議します。

　結局、プロジェクトを成功させればいいので、難しく考えすぎずにやってみることが大事です。たとえ不完全でもとりあえずやってみる姿勢がスピード感を生みます。

DevOps から盗む

　次に組織についてです。最近、DevOps というキーワードは人気があり、取り入れるべきと言われています。私も有効だと思いますが、エンタープライズの領域でこのエッセンスを取り入れるには少しコツが必要です。そもそも DevOps は、Development（開発）と Operations（運用）と訳されます。それ自体は間違っていないのですが、エンタープライズの場合少し意味合いが変わってきます。Operations の中身が重要で、実際には運用と保守の両方が含まれます。私は運用を定められた手順でシステムを運行するものと定義し、保守はシステムを維持するために変更を加えることと定義しています[2]。

　なぜ、エンタープライズの領域でその分類が重要かというと、内部統制対応のためです。エンタープライズの企業は社会的責任も大きいので、本番環境（商用環境）に簡単にアクセスできたり、変更を加えられる状態は

※2 『コスパのいいシステムの作り方』の第7章にて、運用と保守の違いを詳しく記載しています。興味があればぜひご参照ください。

あってはなりません。そのため、開発と運用の分離は必須要件です。一方で、DevOps を額面どおりに解釈すると、開発と運用を一体運営しようということになってしまいます。ただ、そのような組織をエンタープライズで組むことはできないので計画が頓挫してしまうのです。そのため、Operations の部分を正確に分析し、保守業務と運用業務を理解することが重要です。

　まず、保守業務はシステムを維持するために変更を加えることなので、つまり開発になります。一般的に運用に分類されそうな業務も開発になります。一方で、運用のほうはシステムに対して変更を加えませんので開発になりません。ここで、エンタープライズにおける DevOps を図示してみます。

◎エンタープライズにおける DevOps

一般的な DevOps

エンタープライズにおける DevOps

　図のように、運用は明確に分けます。ここを融合する選択肢は取り得ません。そのため、保守業務を開発部門と融合し、改善できる状況に繋げていきます。システムを改善するには運行状況をモニタリングして分析する必要がありますが、モニタリング機能は定まったものとして運用部門が情報提供し、その情報をもとに保守担当が改善することができれば、

DevOps で実践したいことが実現できます[3]。

Dev、Prod、Ops、Sec の組織体系

　必ずしもベストプラクティスというわけではありませんが、私なりの解釈をした組織を解説します。まず前提条件として、エンタープライズではそこそこの開発ボリュームがあるので、組織規模は大きめ（数十人）と想定します。

　チームをコミュニケーションよく運用していくには、アジャイルでは最大10人程度と言われています。それ以上だと名前を覚えるのに時間がかかったり、1つの会議スペースに収まらなかったり、会議をしても発言しない人・発言できない人が出てきたり、いろいろと不都合が出てきます。Amazon のジェフ・ベゾスが提唱した「two-pizza rule」[4] も言いたいことは似たようなことだと思います。そのため、組織の最小単位を最大でも10人程度として次の図のイメージを記載します。

※3　開発・運用の分離と DevOps についても拙書『コスパのいいシステムの作り方』の第7章で詳しく解説しています。

※4　2枚のピザでちょうどお腹いっぱいになるまでの人数でチームを組む考え方です。わかりやすい表現ですが、個人的には小食の人もいますし、「ピザのサイズによって最適な人数は変わるな」と思っています。この"変わるな"と思える部分がまたうまいところだと思っていて、物事にはきれいに線を引けない部分がたくさんあります。特にチーム運営についてはそういう微妙な調整幅は重要です。

◎ Dev、Prod、Ops、Sec のスクラムに分割

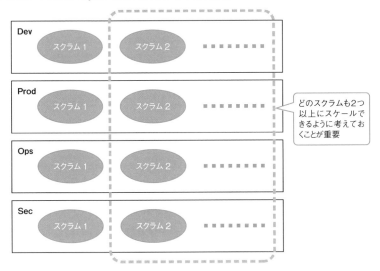

まず、1つのチームを複数のサブチーム（私はこれをスクラムと呼んでます）に分けるのには理由があります。先のコミュニケーションの問題がひとつ、もうひとつは似たタスクを集めたほうが効率的だからです。数十人いるということは1つのチームだと、どうしても10人以上になってしまうので、複数に分割する必要があります。分割するときにはいろいろなタスクを混ぜて分割する方法と、似たタスクを集める方法がありますが、私は似たものを集めたほうがコミュニケーションが取りやすいと思います。具体的には、すべてのスクラムに Dev と Ops を混ぜる方法と、Dev は Dev だけ、Ops は Ops だけに分ける方法になりますが、後者のイメージです。

次に、それぞれの役割を説明します。**Dev** は文字どおりの開発です。インフラを構成するパーツを作ります。企業でいえば商品開発、建築業者でいえば柱のプレカットみたいなイメージ、プラモデルならランナー（パーツがプラスチックの枠にくっついている状態）の製造までです。パーツを

作るだけなので実際のシステムは作りません。ひたすらパーツ作り、機能開発を行います。なお、商品企画の部分については別のスクラムでもいいですし、スクラム横断で考えてもいいと思います。

続いて **Prod**（Production）です。Prod は Dev で構築したパーツを組み立てる役割です。そのままパーツが使えることもあれば、微妙な調整をすることもあります。建築業者ならプレカットされた柱を現場で調整しながら組み立てる大工さん、プラモデルならニッパーで切り出して実際に作るイメージです。いずれにしろ、パーツを組み上げて 1 つのシステムにします。組み立てる上でどうしても単純には組めない場合もあります。そういう微調整も現場（Prod）で行います。

Ops は運用ではなく、先に記載したように保守です。利用者に提供したサービスのメンテナンスやサポート、管理者側が持っている管理機能の維持メンテを行います。保守は開発に位置づけられるので、多少の改善も行います。

最後は **Sec** です。Sec はセキュリティですが、特にクラウドを利用する上では重要です。Sec を独立した組織にするか、ほかのスクラムに組み込むかはそのチームの考え方によると思います。規模が小さければ Dev に組み込むことも可能だと思います。

このように、Dev、Prod、Ops、Sec をスクラム化して最大 10 人のチームで運営することを目指しますが、実際にはそんなにうまくいかないと思います。重要なのは目的を見失わないことです。目的はコミュニケーションよくスピーディーに開発することなので、そこを意識しておけば 10 人以上でも構いません。

また、先に記載したように、日本の SIer は階層型の構造です。1 社であればフラットな組織にできますが、マルチベンダー構成だとそうはいきません。ベンダーごとに一定の人数がいると思いますので、その人数を合計すると 10 人を超えてしまうこともあると思います。

◎実際の人で考えると10人を超えてしまうことも多い

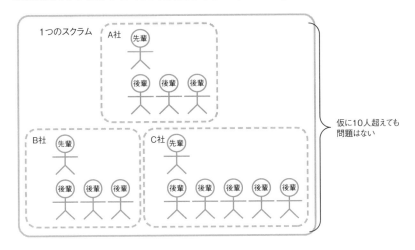

このようなときには無理に人数を10人以下にせず、やはりコミュニケーションが取りやすい単位で考えるべきです。特に、スクラムをリードできるようなエンジニアが不足しているときは無理に分割するとうまくいきません。潤沢に優れたリーダーが居ればいいのですが、そんな環境は稀有なので、リードできる人ベースにスクラムの配置を考える必要もあります。

この辺の調整はスクラムオブスクラムの大きな課題です。学術的にはスクラムを組んでいけばスケールするかもしれませんが、組織は人で成り立っています。リーダーがいるのか、所属する会社はどうか、先輩後輩の相性はどうかなど、実際にはいろいろ問題があります。

最後に、各スクラム間のコミュニケーションについてですが、ここは全体ミーティングを行います。全員が参加できれば理想ですが、いろいろな制約もあると思うので、組織が大きくなってくれば（スクラムの数が増えてくれば）、各スクラムの代表者の参加でもいいと思います。繰り返しますが重要なのはコミュニケーションなので、スクラム間の情報連携がうまくいくメンバーが選出されていれば問題ありません。

べき等性の概念を徹底する

　大規模なシステムに携わった人ならわかると思いますが、なかなかシステムは思いどおりに動きません。しっかりテストをしていたとしてもトラブルになることはあります。うまくテストすることで効率的にバグは減らせますが、トラブルがゼロになることはありません。また、システムはロジカルな世界だけではなく、物理的なハードウェアで稼働するので、何らかの破損で壊れることもあります。つまり、大なり小なりシステムには一定数の問題を抱えていると考えたほうが現実的です。そのため、そういう現実を受け入れるのであれば、何か問題が起きて失敗したときに簡単にやり直せる設計にするほうが合理的ということになります。

　べき等性は、ここでは失敗しても単純にもう一度実行すればやり直せるものとして記載します。仮にプログラムが何かのタイミングの問題で失敗してもリランすることで正しく処理できるということです。何度実行しても同じ期待する結果が得られるように実装すること、それが本項で記載するべき等性になります。

　この概念はさまざまな自動化において非常に重要なものですが、実装するとなるとなかなか難しいと思います。自動化するためにはプログラム化、コード化する必要がありますが、べき等性を実現するには仮にどこで処理が止まってももう一度実行できるように設計しなければなりません。OSをリブートする処理であれば、OSがすでに起動中である場合を想定して止める処理からスタートする必要があります。もし、OSが起動中にハングアップしてしまえば、次に実行するときにはそれを解決してから起動できるようにします。

◎ OS リブートのべき等性確保

べき等な処理ではないリブート処理の例

リブート処理のみ
(shutdown -rなど)

これだとOSが停止したところでうまくいかなかった場合、もう一度実行してもうまくいかない(shutdownコマンドを受け付けられるのはOSが起動している必要があるため)

べき等な処理の例

OS停止
(shutdown -hなど)

停止チェック
(停止できていなければ
CLIからインスタンス停止)

インスタンス起動
(CLIで起動)

停止がうまくいかなかった場合、クラウド側のコマンドでインスタンスごと強制停止してしまう(サーバーの電源オフのイメージ)

起動中にハングアップすることもあるので、別処理で起動したかどうかの確認も必要。起動できていないようであれば、OS停止から(処理フロー全体を)やり直し

　難しいと言及したのは、ハングアップのような中途半端な状態を加味する部分です。中途半端な状態だと、OSからシャットダウンできない可能性が出てきます。固まってしまい、コマンドを受け付けない可能性があるからです。すべてのイレギュラーのケースについて実装するのは不可能なので、ある程度のところで見切りをつける必要がありますが、ちょっとしたエラーでも再実行できないようであれば、べき等に実装する意味がありません。そのため、極力どのようなケースでも再実行できるように実装しなければならず、特にイレギュラーケース自体の予測と、それを解消してリランできるようにするには難しさが伴います。

　ただ、少し矛盾しますが、あまり難しく考えすぎて物事が前に進まないのもよくありません。そのため、次ページの図に示すように、まずは正常系の処理を自動化して組み込んでいくのがよいと思います。

◎最低限の実装からはじめる

最低限の実装（正常系のみ）からスタート

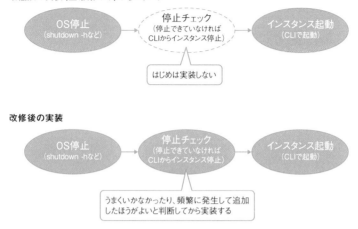

実際に運用するとうまくいかないケースが出てきますので、そのときに
手を加えるというやり方です。ある意味バックログ管理するアジャイルの
ような感じですが、まずは正常系の処理だけをリリースして、よく発生す
るエラーに対応するために異常系の処理を追加していけばよいでしょう。
追加するときには発生確率や発生した場合の影響を加味して、最も効果的
な対応から行い、発生確率が低いものは自動で復旧できなくてもよいと割
り切ることも可能です。

復旧手順はシンプルにする

トラブルが発生すると人は混乱します。予想していないことが発生して
いるので当然といえば当然です。人は混乱している中で複雑なことを求め
られると判断に時間がかかります。時間がかかるだけでなく、判断を誤る
可能性もあります。そのため、トラブルの復旧はシンプルにしておくのが
鉄則です。

◎リカバリが難しいジョブ

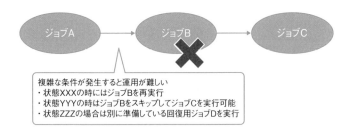

　たとえば、ジョブ A 〜 C の処理があったとします。仮にジョブ B で問題が発生し、処理が中断してしまったときに、どのように復旧させるかが問題です。図の例では、状態を XXX、YYY、ZZZ で分けています。このような復旧方法になると、状態を確認した上で、次に何をすべきかを判断しなければなりません。確認にも時間がかかるかもしれませんし、その後の判断や実行に間違いやミスが入る可能性もあります。判断を間違うと二次災害になるので、より復旧が難しくなります。

　復旧手順はシンプルにしておく必要があります。たとえば、「ジョブ A、B、C のどこで失敗したとしても、ジョブ A からやり直せばよい」というような設計が好ましいでしょう。何か問題があった場合には、判断は入らずにシンプルに再実行すればよいということになります。もちろんこのシンプルな考え方を実現するには先述したべき等性を持った実装が不可欠になります。単純に、一連の処理をはじめからやり直すことにしておくことで運用がシンプルにもなりますし、シンプルになるということは自動化をしやすくなります。

　なお、気をつけておきたいのは、すべての処理をはじめからやり直すのは困難ということです。ジョブといってもインフラが関係するものだけではなく、アプリケーションと関連しているものもあります。アプリケーションの処理は再実行するにはロールバックが必要になるものもありますので、その実現は簡単ではないのが実態です。また、ジョブの実行時間が長いた

めに終了時限までに完了しないものも出てくるでしょう。このため、アプリケーションのジョブ、特にバッチ処理に関しては難しい部分がありますが、少なくともインフラ系の処理に関しては単純化しておく必要があります。

シンプルな構築ジョブで拡張性、複製、可用性が一気に手に入る

　シンプルなジョブによる構築が可能であれば、それを利用することでシステムの拡張、複製、可用性の確保がしやすくなります。たとえば、APサーバーを構築するジョブがあったとします。

◎ AP サーバーを追加する処理

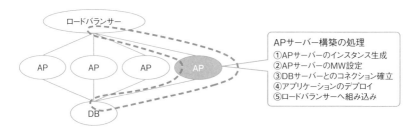

AP サーバー構築の処理
①APサーバーのインスタンス生成
②APサーバーのMW設定
③DBサーバーとのコネクション確立
④アプリケーションのデプロイ
⑤ロードバランサーへ組み込み

　図の構築イメージでは、AP サーバーが3台稼働しているところに1台追加するものとします。AP サーバーの自動構築は、図中の①〜⑤の手順を行えばよいことになります。仮にこのような構築ジョブがあれば、次々と AP サーバーを追加するときも容易です。同じことを繰り返すことで5台目以降も簡単に作ることができますので、システムの拡張性を手に入れられることになります。さらにべき等性を意識して組んでおくことで上図の処理であれば、①〜④のどこで問題が発生しても①からやり直せばよいということになります。何らかの理由で拡張に失敗してもすぐさまやり直すことが可能です。

また、ロードバランサーと DB サーバーを構築するジョブもあれば、それらを組み合わせることによって環境をもう 1 セット作ることも可能です。たとえば、システム全体の性能試験をするときに環境を占有したいことがあると思いますが、ほかに並行開発プロジェクトがあると占有が難しいと思います。クラウドであれば一時的にリソース確保することが可能なので、構築ジョブがあれば簡単にもう 1 セット作ることが可能になります。つまり、環境を複製してテストして、不要になれば削除すればよいということになります。

　最後に、このような構築ジョブを実装すると可用性を向上させることも可能です。たとえば、何らかの理由で AP サーバーが壊れたとします。普通にシステムを構築した場合、サーバーが壊れたときにはバックアップから復旧させるのが一般的だと思います。確かにバックアップから復旧したほうがリカバリ時間が短い可能性もありますが、サーバーごとにすべてのバックアップが必要になりますし、手順の整備も必要です。図に示したような構築手順が用意されていれば、もう一度作り直してしまうことで、判断を省略しシンプルにリカバリーすることも可能になります。

　このように、べき等性を意識して組まれたシンプルな構築ジョブはさまざまな応用が利きますので自動化には有用です。

コラム：イミュータブルインフラストラクチャー

　イミュータブルというのは不変という意味になりますが、事故のもとである変更作業を加えないという考え方（＝不変）がベースになっています。ただ、それではシステムの変更ができなくなってしまうので、変更するときにはもう一面別の環境を構築しなおして、環境をまるごと切り替えます。構築しなおした環境には変更を加えておくことで、システムに対して変更することができる、という考え方になります。

　インフラをまるごと再構築するのは簡単ではありませんが、べ

き等性を持ったシンプルな構築ジョブがあれば可能になります。一連の環境構築をジョブ化しておくことで、何度でもまったく同じ環境を構築することができます。

　これを使うことで、よく発生する問題にも対処できます。はじめは本番環境と開発環境をそろえていたつもりでも、一時的な設定変更の戻し忘れや作業ミスによって差分が生じていた、ということはないでしょうか？ そのような場合にも、まるごと再構築することができると強力です。怪しい環境は捨て去ってしまい、もう一度作り直すことができると安全です。

　本来のイミュータブルインフラストラクチャーは不変にしたいというところからスタートしていますが、不変を保つためには自動で別の環境を作れる必要があり、その自動再構築で環境をリセットすることができます。ある意味、リセットしてクリーンな状態を保つことも不変と言えると思います。たとえば、週末に毎週再構築するとどうでしょうか？ 毎週末環境を壊して再構築ということを行うことで、ミスや不正なプログラムの混入を排除できます。そうすることでセキュリティレベルも大きく向上します。

◎環境を週末で入れ替える

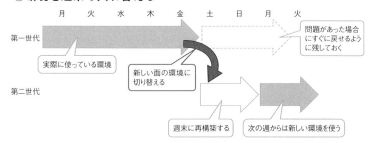

　なお、このような運用を保つには注意が必要です。基本的にコードから環境を作れることがベースになっていますが、ビジネスデータはコードから再構築できないのです。つまり、新しい環

境を作り直すときには、データのバックアップを取得し、それを再セットする必要があるということです。

◎ビジネスデータをバックアップ

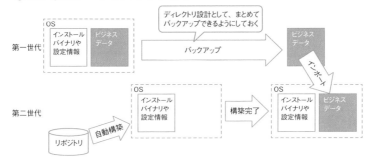

また、この "作っては壊す" という運用はクラウドと非常に相性のいいものになります。このような自動化を駆使したシステム構築はオンプレでは実現が難しいので、もし実現したいと思うのであればクラウド上に環境を作るとよいでしょう。

テスト戦略

そもそもどこをテストするかを議論する

シンプルな構築ジョブは非常に有効という説明をしてきましたが、自動化されているということは何度実行しても同じものを構築できるということです。システム構築に偶然はありません。そのため、すでに実績のある構築ジョブであれば、安心して利用できると言えます。ただ、それには条件があります。構築ジョブにバグがないという前提です。また、構築ジョブといっても全部が自分で実装したものとは限らないでしょう。たとえば、Ansible、Chef、Puppet などを利用していることもあると思います。可能性は低いですが、それらのツール側にバグがないとも言えません。

そのため、すでに実績のあるものとはいえ、そのジョブを全面的に信用するかというのは難しい問題です。この議論については会社ごとの文化やポリシーに大きく依存するので正解はないでしょう。ただ、よく議論しておく必要はあります。基本的に自動化して、その実績のあるジョブであればバグのリスクはかなり低いものになります。リスクが低いものに対してテストするかがポイントになります。

ここはあくまでも個人的な感覚ですが、細かいレベルのテストは行わなくてよいと思います。もちろんリスクがゼロではないですが、テストを行うことの費用対効果が低いからです。ただ、まったく行わなくてよいかというと、そうでもありません。うまく構築できているかの確認は必要なので最低限のテストをします。イメージとしては、ホワイトボックステストは行わず、ブラックボックステストを行う感じです。

構築とテストをそれぞれ自動化するときに、パーツ単位で整理していく

　ブラックボックステストと言われても、インフラ構築におけるホワイトボックステスト、ブラックボックステストが明確ではないので、もう少し掘り下げます。

　一般的に、ホワイトボックステストはソースコード上のすべてのロジックを通すタイプのテストです。ソースコードを見ているので例外処理も確認し、テストケースに組み込めます。インフラにおけるホワイトボックステストは、もちろん実装したソースコードのテストでも使えますが、それ以外にパラメータのチェックもあります。たとえば、ミドルウェアのあるパラメータをＡと設定したとしましょう。それが実際に show コマンドなどで Ａ に設定されていることを確認するのがホワイトボックステストの位置づけになります。

　一方で、ブラックボックステストは動作から確認します。ブラックボックステストは文字どおり内部の仕様がブラックボックスでわからないので、使える機能からの確認になります。先ほどのリブート処理であれば、リブートさせてみて確認することになります。難しいのはこのブラックボックステストの中で、イレギュラーケースをどこまで確認するかです。判断軸を明確にしたほうがいいので私は以下のように整理しています。

◎インフラのテストの分類とそれぞれの対応

テスト分類	対応
ホワイトボックステスト	一回構築したら次はやらない。実装したコードやツールを信用するポリシー
ブラックボックステスト（例外）	実装したら一度だけ例外を通すブラックボックステストを行う。主に障害試験などが該当する。めったに発生しない処理なのでそれ以降はやらない
ブラックボックステスト（正常系）	毎回行う

ホワイトボックステストは単体テストの位置づけになります。ここは1回やれば十分だと考えます。自動構築をしているのであれば、毎回同じロジックを使うことになりますので、2回目以降は不要でしょう。ブラックボックステスト（例外）のパターンも1回だけ行います。初めて利用するプロジェクトではチェックしますが、その次のプロジェクトからは行いません。そもそも例外系の処理は発生確率が低いので、1回のテストで十分と判断します。

　ここでのポイントはブラックボックステストの正常系です。テストはたくさん行うとその分開発効率は下がります。そのため、多くの問題を発見できて、やり過ぎないレベルがちょうどよいことになります。そのちょうどよいレベルがこのブラックボックステストの正常系になります。

　システムのインフラ部分には、監視の仕組みがあると思います。サーバーの死活監視やプロセスの死活監視です。これらは運用で使うのであれば実装するでしょうし、それで起動しているかのインスタンスのテストと監視機能のテストを兼ねると一石二鳥です。また、ネットワークレベルの疎通確認も有用です。システムを接続するときにping確認すると思いますがそれを使います。さらにもう一歩踏み込んだテスト、たとえばミドルウェアレベルのテストを行う場合、APサーバーからDBサーバーに対して試しにクエリーを発行するのも効果的だと思います。APサーバーが起動しているか、DBサーバーが起動しているか、その間の通信が問題ないか、を物理層からミドルウェア層まで一気にチェックできます。

　このように、テストは監視の仕組みや、組み合わせをうまくと考えることで、効果的に行うことができます。

正常系の確認は実施する

　正常系を確認するのが効率的と説明しましたが、そこをもう少し掘り下げてみたいと思います。そもそも私が考える"効率が良い"というのは、一石二鳥、もしくはそれ以上を狙うものです。つまり、1回の作業で複数

のものをまとめて確認してしまおうというものになります。ちなみに、複数まとめて確認することに対して弊害もあります。仮にエラーが検知されたとしても、それがどの段階で発生したものかを特定できないからです。先ほどの AP サーバーから DB サーバーに試しにクエリーを発行する場合であれば、クエリーのエラーを検知しても、それがどの段階で発生したものかわかりません。DB サーバーに問題があるかもしれませんし、AP サーバーと DB サーバーの間のネットワークに問題があるかもしれません。特定するにはそこからの調査が必要になります。

とはいえ、そもそも正常系の確認なのでほとんどの場合は成功します。成功するということは調査する必要はないということです。そのため、正常系の確認は極力まとめてチェックできる仕組みを考えたほうが効率が良いということになるのです。

それでは考えられる代表的な例ごとに見ていきましょう。

- サンプルアプリ
- ダミーデータ連携
- レスポンス監視
- ディスクアクセスとマウント
- オンプレ ── クラウド間

サンプルアプリ

サンプルアプリを使うパターンはわかりやすいと思います。すでに記載した AP サーバーから DB サーバーにクエリーを発行するのもこのパターンになります。アプリケーションとして動くために必要なコンポーネントをまとめてチェックできるのが最大の強みです。また、システムはさまざまな機能に分割されていると思いますが、自分たちにとって重要な機能を選んで確認することもできます。普段から動いてくれていないと困るなぁ、と思うアプリケーションがあれば、そのアプリケーションを動かしてチェックすることで、効率的に安全性を確認することができます。たとえば、

ブラウザから処理を動かして確認してみたいのであれば、Selenium など
で実行するのもよいと思います。Selenium はテストツールとしても使え
ますので、開発で使ったツールを稼働確認にも流用できるので非常に効率
的です。

ダミーデータ連携

　続いてダミーデータ連携です。データ連携にはさまざまな仕組みがあり
ます。ただ、どの仕組みであっても実際にデータが連携されているかの確
認は、実際にデータを送ってみないとなかなか判断ができません。そのた
め、連携の確認を行うのであれば、実際にデータを送信してしまったほう
が簡単かつ確実性が高くなります。

レスポンス監視

　レスポンスタイムの監視は少しマニアックな確認になります。システム
の動きが遅いことをチェックするものなので、アプリケーションなりに処
理をさせて実行時間を計測する必要があり、実装は少し難しくなります。
そもそも何でレスポンスを監視したいか、なのですが、クラウド（私が経
験したのは AWS ですが）では、ごくまれに何らかの理由で遅いサーバー
にインスタンスが割り当てられることがあります。おそらく物理サーバー
に問題があるのですが、ほかの物理サーバーで動くように復旧させると解
消します。そのため、レスポンスをチェックする処理はサーバーの構築／
リストア直後に一度行っておくと安心です。

ディスクアクセスとマウント

　ディスクアクセスとマウントについてはかなりインフラ寄りのチェック
になりますが、これも行っておいたほうがよいと思います。実行するタイ
ミングは先のレスポンスと同じく起動／リストア直後がいいでしょう。理
由は大きく2つあります。1つ目はインスタンスと同じく、何らかの理由
で遅いストレージに割り当てられる可能性があるからです。これも発生確

率はかなり低いですが、ごくごくまれにあります。2つ目は、何かの設定変更でマウントポイントが外れることがたまにあります。もちろんこの場合は作業ミスによるものなのですが、そういったものを検知できる仕組みを常に入れて自動テストできるようにしておくと安心です。これらの問題に対処するには、主要なマウントポイントのディスクアクセスの速度を確認するのがよいと思います。

　ちなみに、これらの"ハズレ"を引いてしまうケースはめったにないので、それに対して神経質になる必要はありません。ただ、サービス利用者から「なんか遅いんだけど」と言われて気づくことがあるので、その前に確認できるほうがよいと思います。いずれにしても起動後遅ければずっと遅いですし、途中から遅くなることもほとんどないので（経験したことはありません）確認はしやすいと思います。

オンプレ ── クラウド間

　オンプレとクラウド間の通信は何かの機能のついででいいので確認できるようにしておいたほうがよいでしょう。特に、インターネット経由ではなく、専用線で繋いでいるケースでは必要だと思います。わざわざ専用線を引いているので接続への期待値が高いためです。AWSの場合、エクイニクスなどのデータセンターから引き込みますが、エクイニクスまでの経路や、エクイニクス内の機器、そこからAWSに接続するDirect Connectなどに問題がないかは確認しておいたほうがいいと思います。これらに問題が発生するとかなり影響が大きいためです。

　また、マルチクラウドの形態を考える上でオンプレに戻さずにエクイニクスなどの引き込み口で接続し直すことも考えられますので、どの確認でどの経路の確認ができているかをチェックしておくのは非常に重要です。いずれにしろテストツールを整備しておくことで、何か作業を行った後に簡単にチェックすることが可能です。

　このように、正常系の確認はさまざまなレイヤーの組み合わせがありま

す。繰り返しになりますが、重要なのは一度の確認で複数のチェックを兼ねる実装です。また、これらのチェックは単に構築後のテストとして1回だけ行うのではもったいないものもあります。

テストを自動化することで、それを定常的に動かして監視することもできます。そもそも監視もテストもうまく動くかを確認するものなので、そこに大きな違いはありません。定常的にテストが行えれば、それは監視になります。

私が過去に行ったテストで、監視にも使った有用なケースはデータ連携です。ダミーデータ連携で確認するものですが、更新頻度が高く、リアルタイム性が要求されるもので実装しました。そもそも1日に1回ファイル連携され、後続にバッチ処理があるようなものであれば、時限的に余裕があるかもしれないので、常にチェックしておく必要はありません。一方で、リアルタイムにデータを送りたいときは、ニーズとして常に送りつづけておいてほしいものがあるので、このようなケースではダミーデータを送ることで、その間のコンポーネントの確認をすることが可能です。そのテストを一定間隔で実行しダミーデータを送ると、送信遅延の監視もできますので、工夫次第でいろいろな可能性があります。

テストはテストをやり直す単位で考える

さて、ここまではテストの重要性と実装イメージについて解説してきました。ただ、思いつきでテストを作りこんでいくと後が大変なので、どうまとめていけばよいかをここでは記載します。

テストの実装は、すでに記載したイミュータブルな実行形態を意識する必要があります。イミュータブルインフラストラクチャーならば、一般的には環境を全部作り直してシステムをもうひとつ作ってしまい、ブルーグリーンデプロイメント（詳細は10章で解説します）で切り替えるような方式が考えられます。ただ、それだとエンタープライズ向けにはならないと私は考えています。確かに、全部作り直すことができるとコントローラ

ブルなのですが、運用に耐えないためです。

　そのため、テストの実行単位はある程度細かく分割しておくことをおすすめします。考え方としては大きく「構成単位のテスト」と「組み合わせのテスト」の2つに分けて考えます。

◎構成単位のテストと組み合わせのテスト

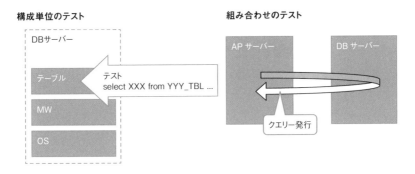

構成単位のテスト

　構成単位のテストは、図の例では DB サーバー単体のテストになります。DB サーバー自身から SELECT 文を発行するイメージです。この構成単位については、みなさんの環境によって異なると思いますが、P.55 に示した図「提供するサービスを定義」などのような単位になります。つまり、インフラとしてサービス提供する最小単位です。DB サーバーを提供するならば、それが最小単位でありテストとしては DB サーバーに問題ないことを確認する必要があります。この例では SELECT を発行してテストするので、以下の項目が一気にテストできます。

・OS は稼働している
・DB サーバーのインスタンスは稼働していて応答できる
・全データかはわからないが一定のデータにはアクセスできる（ストレージ障害などは起きていない）

前項の最後に、テストを一定間隔で実行すれば監視に応用できる旨を説明しました。それでは、ここで説明した SELECT 文の発行で ping 監視を置き換えて、OS の稼働監視を行うことは現実的でしょうか？ もちろん答えは否です。

　エンタープライズのシステムであれば既存の監視（たとえば ping 監視）があると思いますし、それを無理に変える必要もありません。ping 監視はすべての OS に有効ですが、SELECT 文の発行は DB サーバーしかできません。また、私の想定ではサーバー起動後に一度行えばよいと思います。このように、目的や頻度と監視でカバーできる部分を考慮して、自動構築後のテストと監視をうまく整理する必要があります。

組み合わせのテスト

　組み合わせ単位のテストは、インフラとして提供するサービスの組み合わせのテストです。図のように AP サーバーと DB サーバーを提供していた場合、サービス利用者からするとその間の接続もできることを期待していると思います。インフラ提供者の都合で、AP サーバーと DB サーバーの対応はしますが、接続は利用者でお願いします、と言ってしまうと使い勝手が悪いでしょうし、納得感もないと思います。

　サービスを提供するからには利用者目線で自然な対応をする必要がありますし、最低限の保証をする必要があります。そのため、構成単位のテストに加え、組み合わせのテストも行っておくほうがよいということになります。

　ただ、テストはあくまでも効率性を考えて行う必要があります。そもそも、自動構築ができるようになっていれば、一定の品質は担保されているはずです。そのうえで構成単位ごとのテストまで行っていれば、かなり品質は高いはずです。そのため、組み合わせ単位のテストは全パターンする必要はなく、問題が生じた都度追加していく（改善していく）イメージでもよいと思います。

パイプラインの考え方

ロールで分割

　パイプラインといえばCI/CDのでしょ？　という方であれば読み飛ばしていただいて構わないのですが、ピンとこない方のためにはじめにCI/CDとパイプラインを説明します。

　CI/CDはContinuous Integration/Continuous Deliveryの略です。意味としては、継続的インティグレーションと継続的デリバリーになります。継続的インテグレーションはソフトウェア開発の用語で、プログラマーがソースコードを変更したら頻繁にリポジトリ（SubversionやGitHubなど）に登録して、自動でビルドとテストを行います。

◎**継続的インテグレーションの流れ**

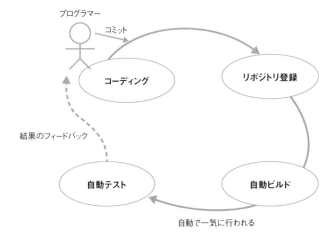

図のようにリポジトリに登録すると、その後自動でビルドし、テストまで行います。この自動ビルドとテストは環境の設定や準備が必要です。テストにはテストコードを実装しておく必要があります。いずれにしろ、これらの機能を CI/CD ツールを用いて自動化することで、プログラマーはコーディングしてすぐに実行・テストを行うことができ、自分のコーディングに問題がないかすぐにチェックできるわけです。プログラマーからすれば、コーディング→テスト→コーディング→テストを繰り返すことで効率よく開発できます。ここまでが CI の話です。

　CD はデリバリーなので、実装したプログラムをリリースすることになります。簡単にコーディング→テストの流れが行えるので、問題やバグがあってもすぐにテストして再度リリースできます。このサイクルが早いため、ビジネスの変化に追従しやすくなります。パイプラインはこれらの仕組みをつなげるもので、簡単に言えばジョブです。さまざまなツールがありますし、AWS からも CodePipeline というサービスが提供されています。

　さてパイプライン、つまりジョブをどう設計していくかがポイントです。もともとはアプリケーション開発のためのツールなので、アプリケーション開発者（プログラマー）のニーズも考えておく必要があります。プログラマーのスタイルにもよりますが、この CI/CD を使いこなしている人だと頻繁にチェックインからの自動テストを行います。多くのステップをコーティングした後にまとめてテストすると、うまくいかなかったときにどこに問題があったか、解析するのに手間だからです。そのため、プログラマーはかなり短い頻度でパイプラインを回したくなります。本当に短い人は秒単位のサイクルを希望します。

　一方、インフラエンジニアはそこまで頻繁にパイプラインを回す必要はありません。環境構築してテストするという流れになりますが、1 回の作業で環境構築も伴うのでそもそもそこまでスピーディに回すこともできません。インスタンス起動だけでも数分かかるのでレベル感が違います。このため、実行頻度はプログラマーと比べると圧倒的に少なくなります。回

すサイクルが全然違うのでパイプラインは分けておくほうがよいでしょう。
　さらにアプリケーション開発とインフラ開発で異なるのは並行度です。そこそこ大きいシステムを構築する場合、プログラマーが10人以上になることは普通です。つまり、10人が別々にコーディングするのでパイプラインは別々のタイミングで動作します。対してインフラ開発は1つのシステムを並行開発することはほとんどありません。大きいサイクルをゆっくり回すイメージになります。

◎プログラマーとインフラ開発者のサイクルと並行度の違い

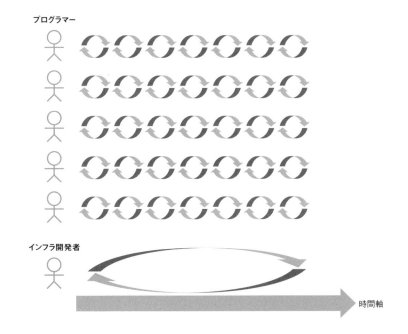

　このような性質を意識して、パイプラインはその人の役割（ロール）に分割して使いやすくする必要が出てきます。なお、ロールがどれだけあるかは開発現場ごとによって変わりますので、自分たちに合ったスタイルを考える必要があります。

　次にレイヤー分割について記載します。ここはインフラとしてのニーズが強いですが、インフラ構築は複数レイヤーを組み合わせますし、レイヤーごとのスキルは大きく異なります。クラウドのIaaS部分とOS、ミドルウェアで異なりますし、ミドルウェアも製品ごとに異なります。実際に規模の大きな現場では製品ごとに担当エンジニアがいることもあるでしょう。つまり、人が分かれるということは、それぞれの単位でパイプラインを回すニーズが出てきます。

◎レイヤーごとに回すパイプライン

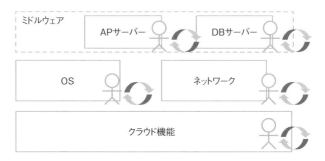

　実際にすべてのレイヤーで人が分かれるかというと、それは時と場合によって変化します。人はそれぞれスキルを身につけて成長します。もともとはAPサーバーの担当だった人がDBサーバーも扱えるようになるでしょうし、OSの知識も身につけると思います。新人が新たにチームに加入したとして、はじめはOSだけ担当させるかもしれません。そうなると、人という単位で見ればそこまでパイプラインを細かく分ける必要がありませんが、技術レイヤーという単位では分けておいたほうが無難です。

自分たちのライフサイクルを意識して パイプラインをまとめあげる

　これまでの内容でパイプラインはいくつかの単位で分割しておいたほうがいいということがおわかりいただけたと思います。実際に分割するパターンは以下のイメージが現実的だと思います。

・随時：パイプラインを実行したらすぐに結果が得られる。1回のサイクルは秒レベルが理想。実行したい人ごとに専用環境があったほうがよい
・日次：1日に行った作業の仕上げとして確認のために実行するイメージ。帰る前に流して翌朝確認
・週次：日次よりも大規模に確認するイメージ。金曜日に流して月曜に確認

◎随時、日次、週次パイプラインの例

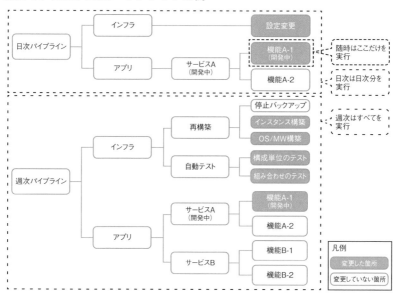

それぞれのタイミングについて、どのようなパイプラインにすればよいのかを考えていきます。

随時実行

随時実行については、すでに記載したようにインフラ構築ではほとんど利用しません。もちろんインフラの中でもプログラム（コード）があるのですが、アプリケーション開発でプログラマーが行いたい単位ほど短いサイクルで実行する必要はありません。また、随時実行ということは、パイプラインを実行する人が任意で実行したいことになるので、環境を占有しておく必要があります。テストでいうと、UT（単体テスト）を行う動きが中心になります。図では開発中のアプリケーションが「機能A-1」であったとすると、ここだけを実行するイメージになります。

日次実行

日次パイプライン実行は、アプリケーション開発とインフラ開発のニーズが混じってきます。パイプラインのコントロールとして、まずは大きくアプリケーションとインフラは分けておいたほうがよいでしょう。インフラは規模にもよるとは思いますが、全環境を毎日作り直すことは現実的に難しいからです。たとえば、ミドルウェアの設定を変更したいというニーズがあった場合、その部分だけを変更できるようにします。インフラの変更をする場合はアプリケーション開発を止めてしまう可能性が高いので、日中にできないものを夜間に反映させるイメージになります。

週次実行

週次パイプライン実行は、より大規模なテストを想定します。インフラ部分は設定変更ではなく、イミュータブルインフラストラクチャーによる作り直しができると理想的です。日次の変更処理はソフトウェア的に表現すると変更（Update）になります。つまり、初期構築した後に変更を加えることになります。変更が1回であればそこまで影響はありませんが、

何度も変更されると、初期構築→変更→変更…… となり、差分吸収のための時間がかかることになります（データベースなどでフルバックアップを取得せずに差分バックアップだけを取っているとリカバリー処理が遅くなるとの同じです）。そのため、変更が溜まりすぎないように、変更分を反映した初期構築をできるようにします。

　また、週次パイプラインではアプリケーションのほうも開発している部分以外のテストを行います。開発していない部分を実行することで無影響確認（デグレが発生していないかのチェック）を行います。

　今回記載したパイプラインは非常に簡単なものです。実際にはもっと複雑になります。また、実際にはパイプラインを全部流すのが難しい状況もあると思います。そのため、パイプラインはあらかじめ図のようにネストした構成にしておくのが重要です。ネストしておいて、臨機応変に組み替えられるようにしておかないと、いろいろな制約や条件によってうまくテストできなくなることがあります。

4 章

組織を考えて
自動化ツールの
管理体系を検討する

そもそもどういう利用者がいるか？

　自動化するにはツールが必要ですが、ツールの利用方法を検討する前に組織の分析が必要です。「とりあえずツールを入れてしまえ！」の精神で試すのもありだとは思いますが、多くのツールでは導入後に管理体系を変更するのが大変です。また、ツールは一度使いはじめると便利で常に使ってしまうので、リメイクするために一時中断するのも難しいです。そのため、この章では事前分析のためのポイントを記載します。

開発現場の構造

　多くのエンタープライズの会社ではアプリケーションの開発者とインフラの開発者は別だと思います。それは求められるスキルが異なるからです。また、3-4節のパイプラインの項（P.113）でも解説したように、アプリケーション開発者とインフラ開発者はワークスタイル（パイプライン実行のタイミング）も異なります。そのため、全社的に同じツールを使うべきですが、それらは論理的に分けて使えるようにしたほうがいいということになります。

　ここではあるシステムの体制を確認します。XXX システムは比較的大規模でマルチベンダーだとすると次の図のような構成になります。ここでも同じようにアプリケーション開発、インフラ開発に分かれます。

◎あるシステムの開発体制

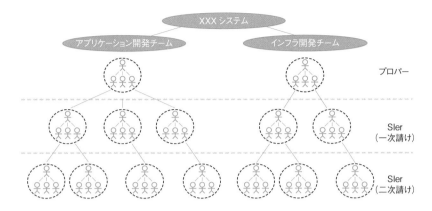

　多くの日本企業ではプロパー→SIer（一次請け）→SIer（二次請け）のような多段構造になっていることが多いです[1]。このような構造になっていると、管理体系を意識する必要があります。自社のプロパー社員とSIer（BPメンバー）を何かの仕組みで管理上区別していることが多いことと思います。たとえば、パソコンにログインするIDで分けていたり、やり取りするメールアドレスで分けていたり、などです。ID管理が合理化されている会社であれば、Active Directoryの階層構造と、組織の階層構造を合わせて設計しているでしょう。

　このようにどこで管理単位が分かれるのかを分析しておく必要があります。この管理単位を把握してツールを設計する必要があります。

<hr>

※1　個人的にこのような多段構造は弊害のほうが多いと思いますが、現実として日本のシステム開発の構造がこのようになっているので、受け入れる前提でここでは解説していきます

◎システム開発部門の組織構造

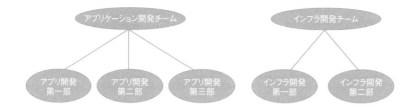

　また、エンタープライズ企業で、ある程度の情報システム部の規模があれば、会社組織としては図のように分かれていることが多いと思います。アプリケーション開発をするのにもいくつかの部やチームに分割されているパターンです。各部署は第一部、第二部ではなく、ビジネス的な区分けになっていることもあると思います。一般顧客向けのリテール部門、一般向けではないホールセール部門に分かれることもあるでしょう。インフラ開発であれば、IaaS 層、PaaS 層のようにレイヤーで分かれるかもしれません。

　いずれにせよ、アプリケーション開発とインフラ開発に分かれ、構造としてプロパー社員、SIer のようなシステムごとの体制と、部やチームなどの組織の体制があることになります。ツールを使う上で、この「システムごとの体制」と「組織ごとの体制」の両面をうまく考えた設計が重要になります。設計に関しては本章の後半で解説します。

レビューア、承認者の配置とそれらの人の負荷

　ツールを使って自動化する際の次なるポイントは、その自動化をどうやって実行するかです。だれでも実行していいとなると、無秩序で管理不能になります。つまり、だれかが OK を出さないと実行できないようにする必要があります。CI/CD は流行っていますが、エンタープライズ向けに拡張するときにここは外せないポイントです。

すでにパイプラインのところで解説しましたが、自動化されたものを実行するにはそのタイミングと粒度が異なります。つまり、コーディングしている人は頻繁に実行するので自分の判断でパイプラインを実行できなければ意味がありませんが、システム全体に影響を及ぼすようなパイプラインを軽いノリで実行すると環境を壊してしまうことが考えられます。そのため、どの操作まではだれの判断で実行できるかが重要になります。

◎パイプラインの実行判断

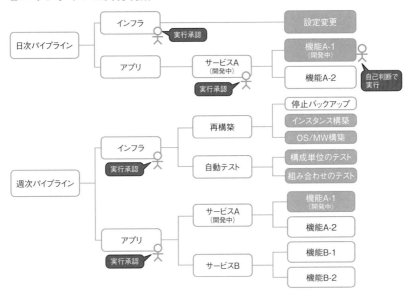

パイプラインを解説した図を再掲します。プログラマーがアプリケーションを開発するのは機能 A-1 です。ここは自分の判断で実行することが可能です。日次パイプラインを流すときには、インフラ側に設定変更があるならば、インフラ担当が流すものを確認し実行承認します。アプリケーションも同様に確認して実行承認します。ここではサービス A の部分に実行承認者がいますが、開発中の機能 A-1 と開発していない機能 A-2 とで、デグレーションが起きていないか、整合性が取れているかを確認します。

週次パイプラインのほうは変更箇所が増えているイメージです。インフラ担当とアプリ担当がそれぞれ承認しますが、実行範囲が広がっているので、全体を見て問題がないかを確認します。特に並行開発が多くなるアプリケーションのほうはアプリ開発者の事前確認が重要です（図では並行開発になっていませんが、実際にはもっと複雑です）。サービス A の範囲だけでなく、サービス B のほうにも開発が入っていないか、整合性が問題ないかを確認します。より範囲の広い範囲のテストを行うには、実行承認者が確認する場所が増えていますので、パイプラインを階層構造にする場合、よりルート寄りに（図では左側）に承認場所がシフトします。

　さらに、図「あるシステムの開発体制」（P.119）でも記載したように、1 つのシステムの開発者は階層構造になっていて、プロパーと SIer で構成されています。そのため、パイプライン実行の承認を行うのは、"どこのだれか"まで意識しておく必要があります。理想的にはプロパーが実行承認すべきだと思いますが、実際には困難なこともあると思いますので、そこは現場の実態をよく分析した上で承認者を決める必要があります。

DevOps を実践するときに PO が使いこなせるツールか

　DevOps でいう PO（Product Owner）は最も重要なロールで、プロダクト（開発しているもの）の価値を最大にする意思決定者になります。一般的にはビジネスとしての意思決定になるので、ビジネスサイドの人がなることが多いと思います。呼び方はいろいろあると思いますが、ビジネスサイドの人をシステム側の人は「ユーザー」と呼ぶことが多いと思いますので、本書でもそのように記載します。なお、一般のお客様のことは「エンドユーザー」として記載します。

◎ユーザー部門とシステム開発部門の関係

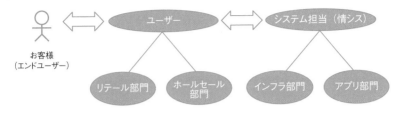

位置づけとしては上図のような形になりますが、POはユーザーのだれ
かが担当することがほとんどだと思います。このとき問題になるのはユー
ザーとシステム担当の情報連携やツールの共有化です。お互いに独立した
部門であるとさまざまな管理方法が分かれている可能性もありますし、シ
ステム的にも分断されている可能性もあります。基本的にユーザーが利用
するシステムは本番環境で、システム担当は開発環境で作業をするからで
す。そのため、ネットワークレベルで分断されている可能性があると思い
ます。また、ID管理をActive Directoryで行っていれば、ユーザーとシ
ステム担当は管理上分かれていることもあると思います。

このような状況ではツールの共有化が難しくなることもあるので、どの
部門の人までが開発に関わってくるかは事前に確認しておく必要がありま
す。

企画セクションまで想定するか

エンタープライズの企業でシステム部門の規模が大きければ、単一の情
シス部門ではなく、複数部署に分かれていることでしょう。そうなってく
ると、それらの部署を束ねる組織が生まれます。呼び方はいろいろあると
思いますが、「○○企画部」といった組織です。ユーザー側にも、営業第一部、
第二部、第三部となると、営業企画部のような組織が生まれるのと同じです。
システム側のそういう企画部門を考慮に入れるかがひとつのポイントです。

私の経験上、システム側の企画部門は開発に関わることはほとんどあり

ません。ウォーターフォールであれ、アジャイルやDevOpsであれ、同様です。場合によってはPMO（Project Management Office）を企画部門が取り仕切ることもあるので、そういうケースがあるかもしれません。もし関係する可能性があるのであれば、そういう担当がツールを使うかどうかは事前に確認しておいたほうがいいと思います。

　ちなみに、企画部門には意見の強い人が多いので、この手のツールの話があると利用しようとする人がいます。ただ、こういうケースではあまりそのニーズを取り込まないほうが私はよいと考えています。理由は目的が違うからです。基本的に管理者目線の使い勝手と、実際に使う人（現場目線）の使い勝手は異なります。管理者目線だと複数のプロジェクトを横串で透過的に見たくなるのですが、これが厄介なポイントです。透過的に見せるためにツールに無駄な機能が入ったり、使い勝手が悪くなるケースをいくつも見てきました。

　ツールの選定には、実際に一番ツールとつきあう人の基準で選定すべきです。一番接している人が合理的に仕事ができないのであれば、まったく意味がありません。どうしても管理で使いたいのであれば、現場の人の情報を横からそっと覗かせてもらう、くらいの接し方にしなければ、現場のパフォーマンスを下げてしまいます。管理者が楽になるために全体のパフォーマンスを下げることなど、あってはならないことです。

社内にどういう ID 情報・権限情報がある
のかをよく把握する

　これまで組織の分析を行ってきました。社内の組織構造がどのように
なっていて、それをどう管理すべきかは一番最初に確認すべき重要な項目
です。自社の組織が把握できたら、その組織を管理している情報がどこに
あるのかを分析していきます。自動化をうまくコントロールしていくには、
すべての自動化ツールでそれらの管理情報（具体的にはユーザー情報）を
連携させることが必須だからです。

Active Directory の情報はメンテナンスされる

　エンタープライズ企業において、ID 管理はディレクトリサービスを用
いることが一般的で、Microsoft 社の Active Directory（以下 AD）がデ
ファクトスタンダードになっています。そのため、AD をベースに整理す
るのがよいでしょう。AD の管理にはさまざまな方法（ドメインツリーや
フォレスト）がありますので一概に記載することはできませんが、ひとつ
だけ明確に言えることがあります。それは、ユーザーの情報が集まってい
るいうことです。他人へのなりすましが厳しく禁じられている会社であれ
ば、ID の貸し借りはないでしょう。そういう前提であれば、会社で働い
ている人は必ず自分の ID を所持しているはずです。

◎組織構造と Active Directory の構造

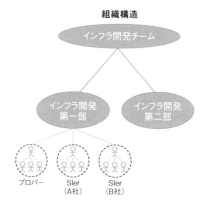

組織構造

インフラ開発チーム

インフラ開発
第一部

インフラ開発
第二部

プロパー

SIer
（A社）

SIer
（B社）

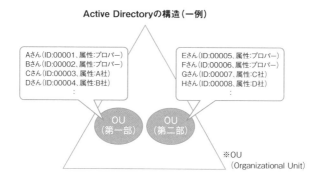

Active Directoryの構造（一例）

Aさん(ID:00001、属性:プロパー)
Bさん(ID:00002、属性:プロパー)
Cさん(ID:00003、属性:A社)
Dさん(ID:00004、属性:B社)
　　　　　　　：

Eさん(ID:00005、属性:プロパー)
Fさん(ID:00006、属性:プロパー)
Gさん(ID:00007、属性:C社)
Hさん(ID:00008、属性:D社)
　　　　　　　：

OU
（第一部）

OU
（第二部）

※OU
（Organizational Unit）

　図はインフラ担当部分だけを抜粋したものです。右側が AD の構造ですが、OU（Organizational Unit）で部署単位を管理するイメージです。その部署に所属する人は ID が登録されています。重要なのはこのディレクトリ構造ではなく、情報がこのように漏れなく登録されているということです。繰り返しになりますが、なりすましが禁じられている場合です。正確に登録されていることがわかれば、そこからユーザー情報を取得するのが最も効率が良いということになります。

　情報を扱うときには、タイムリーに正しい情報が取得できなければなり

ません。組織を構成する人は固定化されることはありませんので常に変化します。新しい人が入ってくることもあれば、出ていく人もいます。部署を異動することもあるでしょう。それらの情報がどのように集めるかが重要です。

　ADを利用している会社であれば、それらの人の出入りに関する対応もワークフロー化されている可能性が高いと思います。新しい人が入ってくるときに対応する作業のひとつとしてADの登録があるはずです。それがなければ端末に入ることができないですし（なりすましをしない前提）、端末に入れないと仕事ができないことになります。仕事ができないと困るので、ADの情報は必然的にメンテナンスされます。つまり、ADに対してメンテナンスするモチベーションがあることになります。

　このように、仕組みとモチベーションの両面からメンテナンスされる情報源を探すことが一番重要です。すべてのツールで個別にユーザー管理すると、それは著しくメンテナンス性を悪くします。もし個別に管理した場合には、新しい人が入ってくるときには全部のツールにユーザー登録しなければなりません。入ってくるときはまだツールを使いたいという目的があるので良いでしょうが、問題は出ていくときです。出ていくときはすでに人が居なくなっているので作業ができなくなって困る人はいません。困る人が居ないということはメンテナンスするモチベーションが生まれないので、使えないデータになっている可能性が高くなります。

管理する対象はシステムとその担当者

　私の経験上、ツールの構成単位は部署単位ではなく、システム単位で管理したくなります。たとえばリポジトリ管理する場合、ソースコードはシステム単位で管理しますし、パイプラインを組むとしてもシステムごとに作るでしょう。間違っても部署単位で管理することはないと思います。なぜなら、部署とシステムは1対1ではないからです。

さらに部署は分割・統廃合などが比較的頻繁に行われやすい問題もあります。これまでいろいろなシステムを担当しましたが、システムの寿命と組織の寿命を考えるとシステムのほうが長いことが大半でした。もちろん使い捨てのようなシステムもあるので、すべてにおいて該当しませんが、エンタープライズ企業では寿命の長いシステムが多いことも事実だと思います。

さて、部署とシステムの関係は基本的に1対nになりますので、下図のように1つの部署が1つ以上のシステムを担当することが多いと思います。

◎1つの部署が複数のシステムを担当する

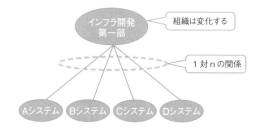

組織が変化する場合は、たとえば図のインフラ開発第一部が第一部、第二部に分割されるケースや、Aシステムを分割せずに、第一部がAシステム、Bシステムを担当、第二部がCシステム、Dシステムを担当するようなイメージで分割することになります。

ただ、ここで注意が必要です。システムという軸で見た場合、関連する部署はインフラ開発だけでなくアプリケーション開発の部署も存在します。そのため、実際の構造は次の図のような形になります。

◎インフラの部署とアプリケーションの部署は担当システムが異なる

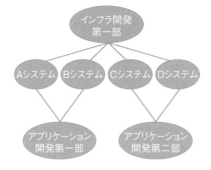

　このように図示すると1つのシステムには2つ以上の部署が関連することになります。ただ、ここで示したインフラ開発とアプリケーション開発という2つの部署の間では明らかにロールが異なります。また、先に記載したようにパイプラインも分割して考えますので、お互いのタスクが干渉することを少なくするような設計が可能です。

　さらにここでもう少し掘り下げます。勘のいい方であれば気づかれたと思いますが、ツールを使う上で必要な情報はシステムごとの担当者になります。たとえば、インフラ開発第一部に、太郎さん、次郎さん、三郎さんがいたとします。Aシステムは太郎さんと、次郎さんで担当、Bシステムは次郎さんと三郎さんで担当しているとします。アプリケーション開発第一部は大助さん、圭輔さん、祐介さんがいたとして、Aシステムは大助さん、圭輔さん、Bシステムは圭輔さん、祐介さんが担当ということとします。つまり、システムを管理する上で必要な情報は次の図になります。

◎各システムの担当者一覧

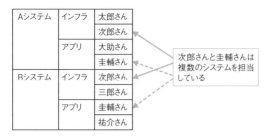

Aシステム	インフラ	太郎さん
		次郎さん
	アプリ	大助さん
		圭輔さん
Rシステム	インフラ	次郎さん
		三郎さん
	アプリ	圭輔さん
		祐介さん

次郎さんと圭輔さんは複数のシステムを担当している

　人という単位で見ると、その人は複数のシステムを担当することはよくあると思います。また、その人の担当システムが変わることもあるでしょう。異動してまったく別のところに行くこともあると思います。問題は、そのような担当の変更に関する情報をどこから取得できるか、ということです。

　すでに記載した AD から取得することが可能でしょうか？ AD の場合、組織を意識して設計されるケースが多いので必ずしもこのようなシステム単位での管理情報を持っていないことがあります。また、組織の情報は人事情報になるので、全社的に管理されやすいですが、先の図「1つの部署が複数のシステムを担当する」で記載したような、部署が所管するシステムの配置や管理は、その部署に委ねられている可能性があります。そうすると、情報のオーナーが変わりますので、やはり AD ですべてを管理するのが難しくなります。

　そのため、システムとその担当者の情報は別の方法で取得する必要が出てきます。よくある事例としては、あるシステムの連絡先一覧（コンタクト先一覧）を Excel で作っているケースがあります。確かに情報としては使える可能性がありますが、私は以下の理由で否定的です。

・Excel のメンテがされない可能性がある
・記載している表形式がバラバラで、全システムの連絡先一覧をツールに入れるのが困難
・Excel はファイルなので削除されたりファイル名が変わってしまう

ほかにもありますが、要するに精度の高い情報ではないのと、その情報を再利用するのが難しいのが問題です。そのため、Excelの管理情報しかないのであればシステムと担当者がわかるようなシステムを作ってしまったほうがいいと思います。システムとして作るということは、左の図「各システムの担当者一覧」に示したような情報がデータベース化されますので、その後の利用がしやすくなります。

運用システムの情報が使える

　とはいえ、システムと担当者がわかるシステムを作ったとしても、結局それをメンテナンスしなければ意味はありません。そのため、これらの情報が社内のどこかにないかもう少し探してみましょう。重要なのはメンテナンスがされていて、全員が信用できる情報かどうかです。

　私はこれまでいろいろなシステムを担当してきましたが、おそらくエンタープライズ系の会社であれば運用システムを持っていると思います。その一部の機能でオペレーターが使うものがあるはずです。システムで何らかのトラブルが発生したら手順書に従って対応します。それでも対応が困難な場合は電話連絡するなり、システム担当に連絡します。つまり、システム担当の一部、おそらくはキーマンが連絡先一覧には含められているのではないでしょうか。この連絡に使用する情報が使えると考えています。

　まず、この情報を使う最大の利点はメンテナンスされているということです。トラブルが発生したときに連絡がつかないと大きな問題になりますので、システム担当が変わったときには速やかに変更するはずです。また、異動などで担当から外れた人も放置せずにメンテナンスするでしょう。もしメンテナンスしなければ、異動後に以前の担当システムで発生するトラブルの電話や通知があるからです。つまり、メンテナンスするモチベーションのある情報ということです。そのため、システムトラブル時に運用部門が使う情報は、かなり信頼性が高いということになります。

　ただ、この情報をシステム的に自動取得したとしても完ぺきではありま

せん。実際に登録されている担当者が全員ではない可能性が高いからです。運用部門のオペレーターから通知する人はプロパー社員全員ではないでしょうし、SIerなどのメンバーは入っていないことが多いと思います。

◎自動取得できるメンバーと追加メンテナンスが必要なメンバー

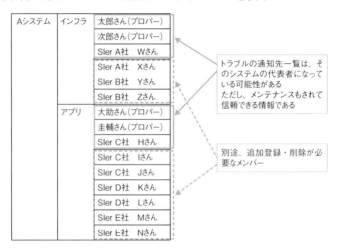

　ツールの使い手は、プロパー社員のみならず、SIerのメンバーも同じように使えなければ効果が半減しますので、上図の点線のメンバーを追加・管理する必要が出てきます。ただ、高い確率でメンテナンスされるキーマンの情報は取得できるので、そのメンバーに追加・削除を依頼することで精度の高い情報を得ることができると思います。

リポジトリ管理、ドキュメント管理などの情報が使える

　そのほかにも、社内に使えそうな情報はないでしょうか。もし、リポジトリ管理やドキュメント管理のシステムがあればそれも使える可能性があります。リポジトリ管理やドキュメント管理はシステムごとに利用者を制限している可能性があるからです。

たとえば、Aシステムのソースコードをリポジトリ管理に登録すると
きに、Aシステムの担当者ではない人が登録できてしまうと事故が発生
する可能性があります。ドキュメントも同様で、設計書を登録しているの
であれば、関係のない人に設計書が消されたり変更されると問題になると
思います。そういったことを防ぐために、Aシステムのリポジトリ管理
やドキュメント管理には、担当でない人の更新を認めない設定を入れてい
ることがあります。この情報は裏を返せば、Aシステムの担当者情報を持っ
ていて、そことマッチしないとAシステムの担当者ではないと判断して
いる可能性があります。つまり、システムごとの担当者一覧を持っていて、
そこと照合しているのであれば、その情報を使うことができます。

　情報があることは推察できますが、問題はその情報の正確性と中身です。
まず、正確性についてですが、この手の情報は一定のメンテナンスルール
を持っていると思います。新しい人が参画したらこのように登録して利用
してください、というようなものです。ただ、ルールによる管理の場合、ルー
ルを守らない人がいると対応しきれなくなります。また、守りたくても忙
しくて後手後手になることもあるでしょう。そのため、確実にメンテナン
スされないこともあると考えたほうがいいと思います。とはいえ、登録し
なければ使えないものであれば、少なくとも開発に携わる人であれば登録
していてメンテナンスされていると考えてよいと思います。

　次に情報の中身のほうです。ここでいう中身は、図「各システムの担当
者一覧」（P.130）で示したようなシステムごとの担当者の情報です。つま
り、具体的にだれが登録されているのか、ということになりますが、シス
テム開発するにはプロパー社員やSIerのメンバーなど多くの人が関連し
ます。それら全員の情報を取得できるか、というところがポイントになり
ます。会社の文化や考え方によっては、プロパー社員しか登録していない
可能性もありますし、DevOpsをやりたいと思っても、ユーザー部門のメ
ンバーの情報は入っていないかもしれません。自分たちがどういう開発方
法をとりたいかで集める情報が変わってくると思いますが、いずれにして

も内容が十分であるかも確認する必要があります。

　ちなみに、私はシステム開発に必要なテクニカルな情報は全メンバーで共有すべきだと考えています。そこにユーザーやプロパー社員、SIer のメンバーなどに違いはありません。もしこれらのメンバーで情報を区別するときには、その区分けを超えるときに必ずオーバーヘッドが発生します。そのオーバーヘッドはコミュニケーションを悪くして、組織からスピードを奪います。

企画担当が保持する情報

　まれに企画部などの管理部門の担当が正確な情報を持っていることがあります。管理志向が強い会社にあるパターンだと思いますが、なんとかして人力で情報をメンテナンスしているケースです。定期的に登録されている情報の確認を行い、必要に応じて修正を依頼します。管理方法として効率的かというと何とも言えませんが、少なくともそこに確かな情報がまとまってあるのであれば、それを利用しない手はありません。人力でメンテナンスしているのであれば、データベース化されておらず、データの授受に手間がかかるかもしれませんが、なんとかして定期的に取得することで使える情報として取得できるかもしれません。

　ただ、このようなケースも先に述べたリポジトリ管理やドキュメント管理と同じように正確性と中身の確認は必要です。少なくとも人力でメンテナンスしているのであれば間違った情報が入るかもしれませんので、あまり不確かな情報なのであれば利用しないという選択をしたほうがいいかもしれません。情報は不正確性が強すぎると人が信用しなくなってしまいます。信用されない情報は使われなくなりますのでそういうコントロールも重要です。

ID の統一的な管理方法

　自動化ツールをそれぞれの人が使うには ID を登録する必要があります。
ID 情報の収集にはこれまで記載したように、情報の内容や正確性が重要
でした。ここでは実際に ID 情報の収集とその加工例を見ていきます。なお、
ここで紹介する内容はあくまでもよくありそうな例です。実際に自社に適
用できるものかは ID の運用をよく分析する必要があります。

◎ ID の統一管理の例

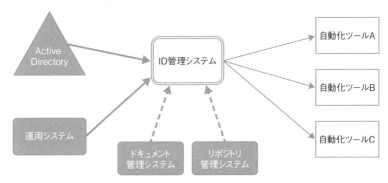

　まず、AD からの ID の情報入手です。すでに解説したように、AD は
会社の組織と合わせている可能性があります。そのため、担当システムと
の関連情報はないと割り切って取得することとします。また、AD はドメ
インでいろいろと分割されている可能性があります。システム部門のメン
バー（情シス部門）だけのドメインかもしれません。SIer などの BP（ビ
ジネスパートナー）メンバーが別ドメインであれば、その ID も取得して

おいたほうがよいでしょう。また、DevOps をやりたいのであれば、ユーザー部門の ID も必要ですが、それも別ドメインであれば取得します。いずれにしろ、自社に関連するメンバーの ID リストを作成するには AD からの情報取得が合理的かつ正確です。

続いて運用システムからの情報取得です。最終的に必要なのは、システムごとの担当者の正確な ID リストになります。ただ、すでに記載したようにその情報取得はなかなか難しいのが現実です。そのため、運用システムからはシステムごとの代表者の ID を取得すると割り切ってしまうのがよいでしょう。そしてその代表者に正確な ID 情報を紐付けてもらうことにします。そのときに付加すべき情報は、対象システムに対するユーザー部門の ID や BP メンバーの ID になります。

なお、個別に ID を作成させないようにするのも重要で、必ず AD から取得した ID 情報を選択して、システムとの関連づけをするようにします。そうすることによって不正確な情報を排除できますし、AD に登録されていない野良 ID のようなものも排除できますので安全性も高まります。

その他、ドキュメント管理システムやリポジトリ管理システムからの情報取得は正確な情報が取得できるのであれば行います。あくまでも ID 管理システムには正確な情報だけを入れて管理したいので、メンテナンスされていないデータが入り込みそうな場合はあえて取り込まないことも重要です。

最終的に ID 管理システムでシステムごとの担当者の ID 一覧が作成できれば、その情報を自動化ツールにインポートします。可能であれば自動で日次反映するのがよいと思います。すべての自動化ツールに同じ ID 情報をインポートすることで統一的に管理することが重要です。

ちなみに、自動化ツールの中には AD 連携できるものもあります。AD 連携できて、システムごとの担当者が管理できればそれでも良いと思いますが、経験上すべての自動化ツールで同じように管理することは難しいのが実態だと思います。そのため、個人的には情報を抽象化して整理できる

レイヤー（この例では ID 管理システム）を入れておいたほうが後々応用しやすくなると思います。

ID 管理システムのメンテナンス

ここまでできれば ID もかなり管理しやすくなるはずですが、継続して良い状態で運用できるようにメンテナンスも検討しておく必要があります。最近のエンタープライズ系の企業であれば、不要になった ID が放置されることは少なくなったのではないかと思われますが、ID の削除自体は AD のほうで行われますので（放置されない運用がある場合）、その情報をしっかりと入手できるようにしておきます。

ここで ID 管理システムのテーブルイメージとメンテナンス方法の一例を紹介します。

◎関連マスターテーブルの作成イメージ

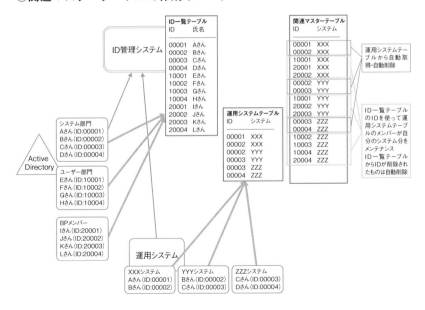

はじめに目的の確認ですが、やるべきことは関連マスターテーブルの作成になります。名前はなんでもいいと思いますが、システムとIDを関連づけるマスターテーブルになります。このテーブルは自動取得できるものと、手動メンテナンスするものに分かれていました。関連マスターテーブルの運用システムテーブルから自動取得される情報は、運用システムテーブルからデータがなくなれば自動削除するように作り込んでおけばメンテナンスは不要です。

　注意が必要なのは手動メンテナンスするほうです。たとえば、XXXシステムであれば、IDが10001、20001、20002は手動で登録した情報になります。ID自体はID一覧テーブルにあるものを使用しているので、そこは紐付けが可能です。ID一覧テーブルはADから情報を取得していますので、もしIDが10001の人の情報がなくなっていれば、その情報を関連マスターテーブルから自動削除するように作る必要があります。

　ここで気をつけるべきことは、関連マスターテーブルには複数行のデータがある可能性があることです。たとえば、IDが10001の人はXXXシステムとYYYシステムの両方を担当していますので、「10001 XXX」と「10001 YYY」の2行を削除する必要があります。このように、ADから削除されたIDを確実に関連マスターテーブルからも削除して、常に関連マスターテーブルが信頼できる状態を保っておくことが重要です。

ID管理システムの発展

　このID管理の仕組みと自動化ツールの連携が充実してくると、ほかにも応用が利くようになります。特にユーザー部門やBPメンバーが関連しているシステムとの紐付け情報は社内では貴重です。そのため、社内のさまざまな管理ツールに応用することが可能です。

　応用が可能だとわかるとこの情報を求めてさまざまな人がアプローチしてくるのですが、重要なのはそういうリクエストになるべく応えるようにすることです。たとえば、内線の情報を登録すればシステムごとの電話帳

を作ることもできるでしょうし、メールアドレスも登録すればシステム
ごとのメーリングリストも作れます。将来的に Slack などのコミュニケー
ションツールを使ってみたいと思っていれば、この情報を活用することも
可能です。Salesforce などのビジネスアプリケーションと連携してワーク
フローの元情報にすることも可能です。

　このように、これらの情報は将来性がありますし、仕事を円滑にするこ
とができますので、しっかりとした分析を行い、正確な情報取得ができる
ようにしておくことが重要になります。

5 章

情報共有のあり方

価値を生む情報

　クラウド上の開発に限った話ではありませんが、仕事を効率的に行う上で情報共有は欠かせません。効率的な情報共有のためにはツールの導入が必要になってきますが、このツールはクラウドを管理する上で使用するさまざまなツールと連携することも重要です。

何よりも量が重要

　最初に情報の価値について、私の行った実験をベースに考えていきます。かなり古い話ですが、本質は今も変わっていないと思います。

　情報はさまざまな要因で価値が変化します。私が初めてそのことに気がついたのは今から 20 年以上前のことです。21 世紀に入ろうとしていた当時はインターネットがまさに花開こうとする時代でした。インターネット創世記は、情報の扱いにみんなが慣れていませんでした。そもそも、情報はそこら辺に転がっているものでも、それが集まるとどういうわけか価値が生まれます。極端に言えば、元手や仕入れがまったくのゼロであっても、価値が生まれるのです。そこで、当時私はあるサイトを作って実験することを試みました。

　当時はいろいろなサイトが生まれようとしていた時代です。ほかの人と内容が被ったところでおもしろくないので、マニアックなネタを考えました。趣味のひとつであったアナログレコード情報にしようと思ったのですが、そんな中でもアナログレコードを扱っているショップ情報を掲載することにしました。単純にアナログレコードを集めていたので、収集ついでに店の情報も集めれば一石二鳥だと思ったからです。当時はまだそのようなホームページはありませんでした。

ここで、一番最初に人が情報に価値を感じるのは何かということを考えます。単純に自分に置き換えてどんな情報があればうれしいか、ということが大事なんだと思いますが、私にとっては量だと思います。どんなに質の高い情報があったとしても量が少ないとあまりうれしくありません。逆に、多少質が悪くても量がたくさんあると便利です。量が増えると新しい発見をする機会も増えますし、並べてみるといろいろわかることが多いからです。

　そこで、片っ端からいろいろなレコードショップに行っては情報を集めました。内容としては、ショップ名、場所、扱っているジャンル、レコードの量などです。当時は情報の扱い方も手探りの時代でしたので、念のためショップの店長に掲載してよいかどうかも確認しながら集めていました。今の時代であれば、そんな確認もせずに SNS やブログにアップする人もいますが、当時はそういう常識はありませんでした。

　アクセスカウンターをホームページにつけて、毎日増加数を観察します。すると、情報が増えるとアクセス数がどんどん伸びていくことがわかりました。とはいえ、1 日に 5 件以上まわることも難しいので、そんなに極端には増えないのですが、首都圏の主だったショップの情報がまとまってくると、かなりアクセスされるようになりました。

鮮度が高いと価値が高まる

　次第に情報の追加は頭打ちになります。レコードショップが無数にあるわけでもありませんし、私の行ける範囲をある程度行きつくしてしまうとなかなか量が増えなくなってきます。

　そこで、ある程度飽和してきたタイミングで、次にどういう情報があれば閲覧者はうれしいかを再度考えます。当時思いついたのは情報の鮮度です。レコードショップは頻繁に新店舗ができたり、大きな変化が生まれるものではありません。基本的に店長の方針や趣味に依存することが多いので、それまで洋楽中心に扱っていたショップがある日から邦楽に変わることもありません。ただ、実際に私が掲載した情報がいつ頃集めたものなの

か、その情報が新鮮なものなのかは見直すことにしました。古い情報は削除して、更新日付もつけていきます。また、徐々に認知されてくると、キャンペーンの情報を載せてほしいと言われることもありました。そういう情報も丹念に集めて手で更新していました。

　基本的に情報は更新されていると人は見たくなります。以前に見た情報とまったく同じものだと次に見ようとは思いません。人気ブロガーやユーチューバーが頻繁に更新するのもリピーター獲得のためです。そのため、情報の更新数を増やし、どこが更新されたのかがわかるようにすることで、より価値の高いものになっていったと思います。当然更新を増やすことによって、アクセスカウンターもグルグルと回るようになりました。

整理されていると使いやすくなる

　情報は量があることが一番重要と記載しましたが、ある程度量が増えてくると人は分析したくなるものです。たとえば、アナログレコードを集めるといっても集め方は人それぞれです。純粋にある特定のジャンルの音楽が好きなのであれば、そういうジャンルの多いショップに行きたいでしょう。レゲエが好きなのであれば、邦楽が充実しているショップには興味がないかもしれません。また、単に掘り出し物を探すのが好きな人がいれば、その人は特定のジャンルに偏らず、新しい情報を求めているかもしれません。

　つまり、同じ情報がたくさんあっても、見方や使い方は千差万別です。その分析軸を意識して情報を整理すると、より質の高い情報になっていきます。実際にホームページの情報に特定のジャンルでランキングをつけたり、ソートできるようにすることで、さらにアクセスカウンターが回るようになりました。

◎アクセスカウンターの増加イメージ

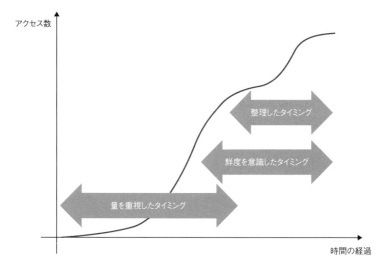

その後、あるタイミングでこのサイトの実験はやめることになります。それはGoogleの進出です。当時やってきたGoogleへの私の第一印象は、情報へのただ乗りでした。強力な検索機能を利用し、他人のサイトの情報を掘り当てていく行為は、私の整理した情報を壊していくように感じました。現在はそうは思いませんが、当時は情報の収集と整理の限界も感じていたこともあり、サイトの更新をやめて実験を終了させました。ちなみに、情報の更新がストップしたサイトはあっという間に利用者が離れていきます。そういう意味でも情報の価値が何かということを最後まで考えさせられる実験でした。

情報共有のやり方

　私の実験を例に情報が価値を生む過程を解説しましたが、優先的に考えるべきは量、鮮度、取り出しやすさの順です。以下では、これらを実践するためのやり方を記載していきます。なお、それぞれのタイトルに［**量**］［**鮮**］［**取**］と記載し、わかりやすくします。

メールを使わないようにする ［**量**］

　量を確保する上で重要なことは、情報が流通しているポイントを抑えてしまうことです。そう考えたときに、情報収集する上で最も非効率なツールはメールです。現代のビジネスにおいてメールは非常に重要なツールです。さまざまなテキスト情報に加え、添付することでファイルなどもやり取りすることができます。

　ただ、メールには最大の欠点があります。もともと情報をやり取りするツールなので広く共有する機能はありません。その中でも以下の2つの機能は情報共有の観点からすると致命的です。

・宛先に入っていないメンバーには共有できない
・メールを削除すると情報は失われる

　メールには共有できない特定情報も多くあると思いますが、逆に共有しなければならないものも多くあります。特にメールは何回かリプライされて議論になるケースもあります。その中には物事を決めていくのに考えられた過程が含まれます。この検討情報は共有しなければならない情報であることが多いのですが、メールだと共有もされず、さらに削除されると永

遠に失われます。皆さんにも、あとから探そうとして苦労した経験はありませんか？ 自分のメールはメールボックスがパンパンになって削除してしまっていて、送信者に含まれていた人に聞きまわって再送してもらう…これは非常に非効率です。

　メールというツール自体は便利ですし否定はしませんが、今やり取りしている情報が後に重要なものか、今後も使う可能性があるか、についてはよく考慮する必要があります。もし、少しでも使う可能性があるのであれば、メール上でやり取りしないほうがよい、ということになります。

登録しやすいツールを使う［量］

　メールだけでやり取りしないほうがよいといっても実際にどうするかが問題になると思います。どういうツールであっても構わないのですが、共有には仕組みが必要です。私は Redmine を使うことが多いですが、Web インターフェースがあるツールを使うのがよいでしょう。ほかの人と情報共有するときに URL ベースでやり取りできるからです。URL はメールに添付することも可能ですし、チャットツールで送ることも可能です。

　さらに重要なのはその使い勝手です。どんなツールも使い勝手が最も重要で、それが悪いと廃れます。では、使い勝手とはなんでしょうか？ モダンな画面でしょうか？ そうではありません。重要なのは情報を登録するまでの実際のオペレーションです。たとえば、メールであれば受信して返信ボタンを押して文章を書くと送信できます。場合によっては送信先を増減させることもあると思います。実行するアクションとしては、概ね以下の4段階になります。

① 返信ボタンを押す
② 文章を書く
③ 送信先を確認する
④ 送信ボタンを押す

ツールを選定する場合、このアクションとほぼ同等でなければ手間に
なってしまうので廃れます。一番よくあるのは情報登録するときにやたら
と必須項目を求めるものです。課題のチケット管理であれば期限を求めた
り優先度を求めたりするものです。これらの情報は整理する上で必要にな
りますが、登録の時点では必要ありません。求めるものが多くなって登録
されなくなったらツールが使ってもらえないことになり、整理する以前の
ところで廃れてしまいます。

　情報を収集したいのであれば、極力今のアクション数と同等にして、負
担にならないように設計するのが最重要になります。そのため、以下のア
クションで登録できるように設計します。

① URL をたたく（できれば自動でツールにログイン）
② 返信（編集）ボタンを押す
③ 文章を書く
④ サブミットボタンを押す

　メールの「送信先を確認する」の部分は省略できます。ツールの情報登
録でカテゴリー登録をしているのであれば、最初の登録者が登録先カテゴ
リーを意識することでそれ以降の返信では不要になります。なお、カテゴ
リーの変更はツール上で後から変更することもできますので、まずはそう
いうものを意識しないで登録しやすくすることを最重要視して検討すべき
です。

更新日付がわかる仕組みを使う［鮮］

　ツールを使うと機能として備わっていると思いますが、更新日付が後か
らトレースできることも重要です。人間の記憶力というのはあいまいで、
しばしば忘れます。ただ、意外と時系列で何があったかは覚えています。
何かあったところまで思い出せますが、その中身が思い出せない、という

ことを経験したことはないでしょうか？　ちょっと前に検討したはずなん
だけど何だっけ？　とか、どこまで検討したっけ？　ということは私にはよ
くあります。

　たとえば、2年前に検討し、その後1年前にも追加検討した内容があっ
たとします。ツール上で探すと2年前の情報が見つかったとします。2年
前の情報でも役に立つのですが、さらに1年後にも追加検討したはず……
となんとなく覚えていると、その情報を探すというアクションに移ること
ができます。ツールに情報が入っていればキーワードや日付で検索が可能
です。

　また、情報が溜まってくると、できれば新しい情報を確認したくなるこ
ともあります。さすがに5年前の情報はいらないなと思えば、更新日付
が登録されていることで、そういう情報を除くことができます。このよう
に、更新日付が入っていることで鮮度の新しい情報をより抽出しやすくな
り、目的の情報を効率的に見つけやすくします。

全文検索ができる仕組みを準備する ［取］

　私がツールを導入するときに最も重視するのが全文検索機能です。全文
検索は非常に強力です。私が行った実験をGoogle進出で諦めたのもこの
強力さゆえでした。

　全文検索が最も優れているのは、情報を後から自由に探せるところです。
仮に全文検索機能がない場合は、情報を登録するときに整理して入れなけ
ればなりません。整理するということはそれだけ登録時のアクションを増
やすことになり、使われなくなるリスクが増大します。

　また、そもそも登録するときに後からどのように情報を使いたくなるか
想定して登録することなど不可能です。情報共有は登録した人だけの備忘
ではなく、ほかの人が使ってはじめて共有になります。当然ながらほかの
人は別のことをイメージして検索していることでしょうから、登録すると
きに検索時を想定するのはナンセンスだということがわかるかと思います。

だれの情報かがわかるようにする ［取］

　だれが登録したかがわかるのも意外と重要です。更新日付や全文検索に比べれば若干優先度は下がりますが、ツールを導入するのであればやはり盛り込んでおくべき機能です。理由は2つあります。

・情報の信頼度がわかる
・後から探しやすくなる

　情報の信頼度のほうは想像しやすいと思いますが、たとえば社内で有識者とされている人がいれば、その人の情報として探すことが可能になります。こう言ってはなんですが、AさんよりBさんの発言のほうが信用できるということもあるでしょう。仕事に対しての向き合い方であったり、テーマに対して詳しいかどうかなど、さまざまな要因があると思いますが、実態としてはそんなものだと思います。特に有識者の情報であれば読み手は安心して読むこともできます。また、仮にその人を知らなかったとしても、だれの情報かがわかれば直接確認することも可能になります。

　もうひとつは探しやすくなることがあります。時系列のところでも記載しましたが、人は細かいことを忘れてしまいます。過去に検討したことがあったな、と思うのと同じで、過去にあの人がこの問題の話をしていたな、と漠然とした情報を覚えていることはないでしょうか？　詳細な内容は忘れてしまっていても、考えていた人（場合によってはチーム）を覚えているパターンです。もちろん、人を覚えていれば直接聞くことも可能なのですが、情報共有が出来上がっていればそういうメンバーを中心に検索してしまったほうが早いことが多くなります。

　なお、詳しい人の立場からするといろいろと聞かれているので、あまりにも問い合わせが多くなると仕事が止まってしまい困ることになります。俗に言う「教えて君」は嫌われますので、そうならないためにもある程度

は自分で情報収集できることも重要ですし、仮に直接聞くにしても過去の経緯を確認した上での質問であれば、教えるほうも効率的になるので良い関係が生まれます。このあたりはビジネスマンとしての最低限のエチケットでもあると思います。

再利用する前提で残す ［取］

先ほど、情報登録の時点でどう再利用されるかわからないと言ったじゃないか、と怒られてしまいそうですが、ここで言いたいのは登録時ではなく、クローズ時のタイミングです。何か課題があって情報登録したとして、検討が進んで結論が見えてくるとその課題をクローズすると思います。クローズするときに、結論が見える形で登録したほうがよい、ということをここでは言及しています。

結論をまとめる最も効率的なタイミングは、その結論を考え出したときです。しばらく時間が経ってからもう一度結論をまとめようと思うと、どうしても思い出すまでの時間が必要になります。そのため、結論を出した時点で、結論を簡潔に整理して登録しておくことが重要です。仮に、結論を整理しないでそのまま終わりにしてしまうと、もう一度その情報を再利用しようと思ったときに経緯を全部追う必要が出てきます。情報が残っている分助かると言えば助かるのですが、二度手間になるので最終的には結論がわかるようにしておいたほうがより良いということになります。

なお、ツールによって、結論や課題のクローズ結果を登録できるものがあったり、サマリーを記載することができたりしますので、これらの機能をうまく使うことが効率的だと思います。

関連づけやリンクで情報を結びつける ［取］

意外と役に立つのが情報の関連づけです。課題や検討内容をいくつか登録していると、過去の検討が役立つことがあると思います。そのときに、

新しく登録した内容と過去の課題をリンクします。特に継続課題になっているものや、課題が進化しているものの情報共有には非常に有効です。後から情報を探し直す手間は減りますし、情報の収集漏れも防ぐことができます。

　体感しないとなかなかわからないですが、情報は関連づけに成功しはじめると、加速度的に便利なものになっていきます。個人的にはこの情報の関連や結びつきの重要さが実感できていたのであれば、ある意味情報共有の大切さがわかってきたことを意味しているので、成功のバロメーターのひとつとして評価できると思います。

取り出せる早さ、レスポンス［取］

　最後は完全にツールの使い勝手の部分ですが、ツールの機能や性能についてです。繰り返しになりますが、情報を取り出すのに最も強力なのは全文検索です。全文検索に時間がかかるようになると、ツールは急速に使いにくくなっていきます。

　もっとも、全文検索が遅くなるということはかなり情報が溜まっていることの裏返しでもあります。つまり、情報はあって、みんな探したいと思っているのに遅くなっている状況です。これは仕事の効率性を落としますし、何よりもストレスになります。基本的に全文検索の効率化はハードウェアパワーだけでは解決が難しいので、インデクサーの仕組みが必要になってきます。インデクサーの構築はそれなりに難しいと思いますが、少なくともそれが必要なくらいに情報が溜まっていれば多くの人にも重要性は認知されていると思われます。多少時間やコストがかかったとしても、インデクサーの構築に理解を得やすく、進めることが可能だと思います。なお、ツールを導入する前に全文検索の性能、将来性も見越しておくとよりベターです。

情報共有のマインド

情報を残すようにとにかく仕向ける

　私自身、日々この戦いを演じていると言っても過言ではないのですが、特に情報共有に慣れていない人はすぐにメールを使います。なんでもかんでもメールでやり取りして、情報を再利用するという概念がまったくない人がいます。そういう人にはツールを使うように言いつづけなければなりません。言いつづけて実感してもらうまで、ひたすらに使うように言いつづけます。

　このマインド変革はかなり労力がかかるのですが、これを突破できないと永遠に情報共有はできないので、ここは大変でも割り切って頑張るしかないと思います。ちなみに、私がよく実践している手は、ツール登録しないと問い合わせに応じないというやり方です。だれからか聞かれた質問はほかの人からも聞かれる可能性が高いので、問い合わせを必ずツール上で行うようにお願いするのです。過去に一度回答していれば、次に同じことを聞かれても結論を記載した URL を送るだけになるので効率的です。

情報は隠さない、独占しない

　まれに情報を独占することで自分の仕事を生み出している人がいます。全体で見れば何ら価値を創出していないのですが、そうすることで自分の居場所を作っている人がいます。はじめにそういう仕事のやり方は無意味だと宣言することが重要です。それを禁止してしまいましょう。

　私の経験上、こういうことをする人はある意味抵抗勢力になりがちなので、ツールの利用には基本的にネガティブです。ただ心配する必要はあり

ません。情報共有することが当たり前になってくると、これらの抵抗勢力は自然消滅します。このような抵抗勢力は周囲の反応には敏感なことが多いので、多くの人が情報共有しはじめて便利だと実感すると、それに取り残されないように次第に利用するようになってきます。そのため、過度にツールの利用を拒む人がいればその人を無理に説得せずに一定の距離を置いてしまい、まずは情報を多く集めて登録し、情報共有できる地盤づくりに専念することをおすすめします。

情報を残すか捨てるか、迷ったら残す

　情報の中でも実際には使えないものがあったりするのですが、いつ使うようになるかはなかなかわかりません。そのため、使うかどうかを迷うような情報であった場合、迷わず登録しておいたほうがよいと思います。情報が登録されていれば後から探すことは可能ですが、なければ探しようがありません。また、迷っている時間を無駄にしている可能性もありますので、その時間をなくしてしまい、とりあえず登録してほかの仕事にさっさと移ったほうが合理的だと私は考えます。

　なお、あまりにも不要な情報が増えてしまい、システム的に負荷が増えてしまうのであれば別の方法で解決したほうがいいでしょう。全文検索の方法を見直すのがいいと思いますが、それでも厳しそうであればアクセスが少ない情報は消してしまうことも検討します。いずれにせよ、これらは後からでも対応可能です。

6章

スピード型エンジニア
としての素養

クラウド時代に求められる技術を磨く

1本の幹を立てて枝葉を充実させて林に

　スキルを身につける表現はいろいろあると思いますが、私はよく木に喩えています。Ｔ字型人材という言葉と意味は同じようなものなのですが、Ｔ字の縦棒はそんなに簡単に育たないと思います。何かひとつ強みを持つと言っても、それは時間をかけて育てるものなので、木のほうがイメージは合っていると思います。

◎木を例にしたスキルの増加イメージ

　木は簡単に育つものではありません。時間をかけて枝が増え、葉も増えていきます。この増えるスピードは人によって異なります。同じ仕事をやっていても違いますし、自宅や空き時間で努力する人としない人でも変わります。無論やる・やらないは本人の自由なので強制することはできませんし、強制しても何もいいことはないと思います。ただ、これまでいろいろな業界トップクラスと思われるエンジニアの方とお会いして思うことは、彼らは時間を無駄にしないで1枚でも葉が増えるように努力していることは事実です。

　さて、努力することで自分の木を作ることに成功したら、次にどうする

かです。育てた木を巨木にすることもできますし、別の木を育てることも可能です。クラウドを扱っていて思うのは、どうしても横への広がりが早いので、ある程度の木を複数本増やすほうが仕事の幅を広げやすいと思います。

また体験してくるとわかるのですが、1本の木があると2本目以降の木の成長はかなり早くなります。まるで土が育って食物連鎖が出来上がっているかのように、知識の木は相互作用が強く、発展性も早くなります。ちなみに、特に30代くらいでは自分をどう成長させるか悩むところだと思いますが、それは1本の木が出来上がっている時期だからです。

クラウドという意味でオススメなのは木の本数を増やすことと書きましたが、私の経験上努力を怠らなければ仮に巨木を作る道を選んでも後から修正は効きます。その巨木が大きければ大きいほど有利とも言えます。実際にとてつもない巨木の持ち主がある日転身しているのを見たこともあります。要するに、重要なのは自分の木を常に育てていくことです。

OSとストレージの動作理解は必須

さて、そうはいっても木って何ですか？ という疑問もあると思いますので、ここからは少し具体的に記載していきます。まず重要なのはOSとストレージの理解です。ここはシステムを理解しようと思ったら外せないポイントです。特にプログラマーとしてコーディングしているとブラックボックスになってしまうのですが、そもそもコンピューターがどのように動いているのかを理解するのが重要です。これはクラウドの時代になっても変わりません。私のこれまでの経験で、次ページのチェックリストに挙げたワードがしっかりと理解できていれば成長しやすくなると思いますので参考にしてみてください。

◎ OS、ストレージの知識を確認するチェックリスト

OS	プロセス
	スレッド
	カーネル
	システムコール
	メモリダンプ
	BIOS・ブートローダー
	デーモン
	ファイルシステム
	ドライバ
ストレージ	ブロックストレージ
	SAN・NAS
	ミラーリング、RAID 10、RAID 5、RAID 6
	コントローラー
	キャッシュ
	同期コピー・非同期コピー
	マウント・アタッチ・デタッチ
	シンプロビジョニング
	差分バックアップ

　ちなみに、これらのワードはあえて説明を記載しません。わからない用語が出てきたときに自分で調べるということが重要です。クラウドにおいては特にそういった、自分で調べていくというスキルが求められていると思います。半年も経過するとまったく違った用語・概念が登場しますので、それについていくスキルを身につけるのも重要です。

　なお、1つだけ例として記載しておきます。一番上のプロセスという単語を見たときに、OS上で動くプロセスのことでしょ？　というだけでは理解が浅いと思います。一つひとつの用語を大切にすることが重要です。たとえば、プロセスはメモリ空間のどういう部分に確保されるものか、コーディングしたプログラムが動くときにどう領域が確保されていくのか、JavaVMやその他のプログラムの実行環境やミドルウェアのプロセスはど

う動いて違いがどのようになっているのか、ユーザープロセスはカーネルとどう連携するのかなど、掘り下げるときりがないのですが、コンピューターを構成する部品一つひとつがどう絡み合って最終的に動いているのかを理解することが極めて重要です。言葉を知っているだけでは、本当に理解したことにはなりません。

VMware などの仮想化知識があると理解が早い

クラウド環境は基本的に仮想化されています。AWS 環境も Xen ベースから Nitro に変わりましたが、基本的な考え方は変わりません。もし会社ではオンプレ環境を利用していて、仮想環境を利用しているのであれば、その身近な環境から勉強するのがよいでしょう。「時代はクラウドなのにうちの会社はオンプレだけで……」と焦る必要はありません。私自身、VMware をかなり長く使っていましたが、その動きが理解できているとクラウドの理解は容易です。基本的に同じ概念がありますので、用語の置き換えだけで済むためです。中途半端な理解で進めるよりも、仮想化技術をしっかり覚えておいたほうがよいことになります。

◎木を例にしたスキル増加の具体例

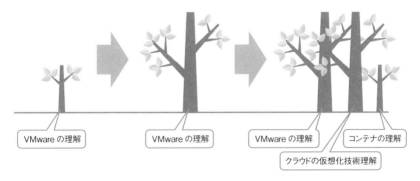

図は仮想化技術を軸とした木の進化を示したものです。私自身、このよ

うな流れで理解を深めていきました。なお、仮想化技術のベースにはOSの知識が極めて重要です。木、林の例でいえば、OSはすべての土台＝土といってもいいかもしれません。良い土がなければ木も成長しませんので、仮想化技術に入る前にOSを理解するほうがよいと思います。

DB の概念とモデリング能力も必要

次に理解を進めたいのはデータベースです。私自身、1本目の木がデータベースなのですが、けっこう広い世界なので簡単に理解するのは難しいと思います。ハードウェア寄りの世界からソフトウェアというか、完全な論理モデルの世界まで幅広くあります。

◎データベースのレイヤーごとの知識

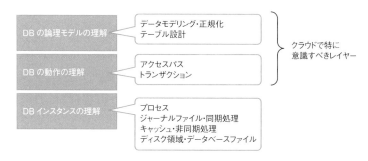

図では基本的なRDBMSを例にしていますが、理解すべきレイヤーは大きく分けて3つあります。一番上は完全に論理の世界です。「テーブルの設計」と書けばわかりやすいかもしれませんが、少なくとも正規化の概念が身についていないと正しい設計はできません。第三正規形までがすぐにイメージできることが求められ、モデリングができるかどうかのバロメーターのひとつだと思います。

続いてはアクセスパスやトランザクションといった動作の理解です。これは一筋縄ではいかない領域で、それぞれ上下の論理モデルの世界とイン

スタンスの世界が密接に関係してきます。実際にどのようなテーブル設計をすると最終的にハードウェアがどう使われるのか、をイメージする能力が求められます。

最後はインスタンスの理解で、これはデータベースそのものの理解になります。ここでも OS の理解が非常に重要であり、OS が理解できていないとインスタンスの理解はできません。インスタンスの理解にはデータベースとして起動している複数のプロセスの理解が不可欠だからです。

このように、データベースの世界は深く広いので理解が難しいと思いますが、知識の総合デパートのようなもので、データベースが理解できるとほとんどのアーキテクチャはわかるようになります。

また、クラウドはデータベースをサービスとして提供するのでブラックボックス化されますが、実際にはその中の動きをイメージすることが求められています。責任分界点としての境界は論理モデルのレイヤーと動作の理解のレイヤーまでですが、両方を効率的に理解するにはどうしてもインスタンスの知識が求められてしまうからです。

これは私見ですが、基本となる RDBMS の技術はまだ 10 年先になっても失われることはないので、これらのスキルを身につけると強みになると思います。

アプリケーション開発と開発プロセスの理解

さて、ここからはよりアプリケーション寄りの世界のスキルになります。クラウドでは個々のレイヤーがブラックボックス化されて一人のエンジニアで見なければならない領域が増えていきます。そのため、仮にインフラエンジニアであったとしてもアプリケーションの開発と、その開発プロセスは知っておく必要があります。肝心なアプリケーション開発がわかっていないと、良いもの・良い環境を提供できなくなるためです。

とはいえ、アプリケーション開発も非常に広い世界で大量のナレッジが

ありますので、ポイントを押さえて理解していくために簡単に整理してお
きます。それぞれのワードはきっかけでしかないので、あくまでもインフ
ラエンジニアが整理する観点と捉えてください。

◎インフラエンジニアがアプリケーション開発を整理するポイント

アプリケーション開発
言語とその特性
シングルコアの処理かマルチコアの処理か
モノリス / マイクロサービス
開発プロセス
ウォーターフォール
スパイラル開発
アジャイル

アプリケーション開発の理解

　言語の特性は説明しだすときりがないのですが、私が分類するときのポ
イントにしているのはその言語がコンパイラ言語かインタプリタ言語か、
になります。コードが事前にコンパイルされているものがコンパイラ言語、
実行時にコンパイルするものがインタプリタ言語です。前者のほうが高速
で、昔はバッチ処理などは C 言語で記載することが多かったと思います。
ただ、最近ではハードウェアの性能も上がってきたのでその差がだいぶ
なくなってきました。また、インタプリタ言語は比較的軽量なものが多く、
Python などは最近流行りのコンテナ化と相性が良いという特徴もありま
す。これらの特性に応じて求められるインフラが変わってきますので、コ
ンパイルの有無を特に意識して対応すると目的に合ったインフラ提供が可
能になります。

　シングルコアの処理かマルチコアの処理（実装するにはマルチプロセス
か、マルチスレッドで行うか）かは、CPU の 1 コアで処理しきる実装なのか、

複数に分散するのかの違いになります。CPUの1コア単位の性能は10年以上前に限界を迎えましたが、それ以降はマルチコア化で進化しています。複数のコアで処理することによって、システム全体の性能を上げようという方法がマルチコアの処理になります。開発言語との関係は、言語の特性以外にも実装方式に大きく依存するので、単純にこの言語がシングルコア向きで、こっちはマルチコア向きとは言えません。ただ、比較的新しい言語のほうがマルチコア対応しやすいフレームワークが準備されていたりしますので、より扱いやすくなると思います。

　最近ではNode.jsのようにノンブロッキングI/Oを利用することで、クライアント処理をうまく分散させるものもありますので、言語とその実装でどういう動作が主流になっているかは確認しておく必要があります。

　続いてモノリスかマイクロサービスかです。モノリスは複数コンポーネントをまとめあげて1つのアプリケーションとして動作します。これに対し、マイクロサービスはコンポーネントごとに分割してそれを組み合わせることによってアプリケーションとして動作します。

　もう少し具体的に言うと、モノリスは従来どおりのアプリケーションタイプで、JavaであればWebLogicやWebSphereを用いて開発する重量級J2EEが例になります。これまでのWeb/APサーバーのように1つのサーバーで処理をしきってしまうものがモノリス、と考えると理解しやすいと思います。

　一方のマイクロサービスのほうはサービス間をRESTなどで連携しますので、サービスごとの言語は特に限定されませんし、動作する場所も問いません。また、1つのサービスは軽量なのでコンテナと相性が良く、サービスを分散しやすいという特徴もあります。

　なお、最近はマイクロサービスのほうが主流になりつつありますが、重要なのはそれぞれに適材適所があるということです。モノリスのほうが性能・効率で優れるケースもありますし、その逆もあります。構築しようとしているシステム・アプリケーションがどういうタイプのものかは把握し

ておく必要があります。

　また、新規のスタートアップカンパニーで、既存のシステムがないのであれば自由に組み替えることもできると思いますが、エンタープライズではモノリスからマイクロサービスへの全面移管はなかなか難しいかもしれません。

開発プロセスの理解

　開発プロセスに関しては、ウォーターフォール、スパイラル開発、アジャイルなどがあります。3章でも解説しましたが、エンタープライズ系の企業であれば、全社的にアジャイルで開発するというのは難しいケースもあると思います。特にマイクロサービスの開発はアジャイルを採用したほうが効率が良いですが、マイクロサービスが適材適所なので、マイクロサービス＋アジャイルを全社で採用するのは、少なくとも現時点では難しいと思います。そのため、既存のエンタープライズ企業がクラウドをうまく使おうと思ったときには、いろいろな開発プロセスが混在する前提で考えたほうがよいでしょう。

　インフラの提供をしようとしたときに重要になってくるのは、アプリケーション開発の開発プロセスを理解して、計画を合わせられることと、希望するスピード感に合わせられることです。

　前者は開発プロセスが異なれば報告スケジュールが変わります。ウォーターフォールなら、設計、単体テスト、結合テスト、総合テストの順に進捗しますので、その都度フォローが必要になります。アジャイルであれば短いスプリントで回していますので、そのスプリントに沿った形でのフォローが必要になります。

　また、希望するスピードに合わせることについては、基本的にアジャイルをメインで考えたほうがよいでしょう。アジャイルはフレキシブルにスピーディに環境の利用を要求しますので、そこに対応できればウォーターフォールのスピード感には十分対応できるためです。なお、スパイラル開発もアジャイルよりもスピード感は遅いので同様に対応可能です。

このように、アプリケーション開発のプロセスを理解し、それにマッチする環境を準備することが重要になります。

コラム：モノリスとマイクロサービスの組織

　モノリスとマイクロサービスではそれぞれ組織が異なります。そもそもコンセプトがまったく異なります。モノリス型の組織はレイヤー分割します。システムを構成するパーツをレイヤーで分けて知識を集約して効率を高めるタイプです。一方でマイクロサービスはそれぞれのサービスで独立していますので、サービスごとにシステムを組み上げる全メンバーが必要になります。

◎モノリスとマイクロサービスの組織構造の違い

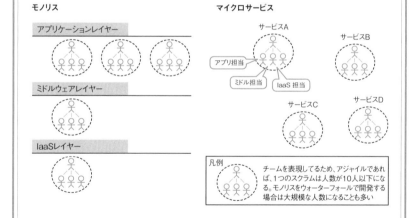

　本文でも触れましたが、モノリスとマイクロサービスは適材適所であり、エンタープライズであれば混在するのが実態となります。つまり、教科書どおりにマイクロサービスを導入しようとしてもうまくいかないということになります。
　また、組織の集約度と効率の面ではモノリスのほうが高くなり

ます。組織が小さければマイクロサービスのほうがうまく機能し
ますが、一定数以上の規模になるとサービス数が膨大になり、サー
ビス間の知識の連携が難しくなるからです。アーキテクチャとし
ては REST などのインターフェースで定義しますが、それとは
別の人と人との繋がりには、マイクロサービスのほうがどうして
もオーバーヘッドが大きくなります。

　このため、移行方法としては、インフラ提供部分はモノリス
型にも対応しつつ C4E（Center for Enablement）[1] の形態をとり、
フレームワーク＋アプリケーション部分をマイクロサービス型に
するような折衷案が一番良いのではないかと考えています。意図
としては推進のためのサポートにより重きを置いているものにな
ります。

OSS つまみ食い能力

　クラウド上ではさまざまなサービスが生まれますが、その進化の激しさ
は尋常ではありません。AWS も毎年のように re:Invent で多くのサービ
スが発表されます。それらのサービスをうまく使っていこうとしたときに、
どうしても自社との差分を吸収する部分が出てきたり、足りない機能を補
完する必要が出てきます。それらを補うためにスクラッチ開発してもよい
のですが、事実上それではスピードが追いつきません。また、クラウドで
サービスが生まれるのと同様、それに関連するソフトウェアも次々に生み
出されます。最近ではそれらが OSS で登場するのも当たり前になってき
ました。

※1　一般的には CoE（Center of Excellence）と呼ばれ、組織の連携をフォローする
　　ために組成されますが、最近では CoE のメンバーが評論家になってしまうこと
　　を嫌い、C4E と定義されています。

◎ OSS の評価フローイメージ

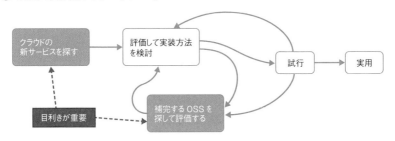

　そのため、図のような検討プロセスでスピーディに対応する必要があります。ポイントは、クラウドの新サービスとそれに対応する OSS を探す能力です。探すスピードも重要ですし、自社に役に立つか、問題がないかを見抜く力も重要です。かなりアンテナを高く持つ必要があるので、こういった目利きの能力も日ごろから鍛えておく必要があります。

　ちなみに、目利きの能力の鍛え方ですが、大前提としてはシステムを理解している必要があります。スキルの木に喩えると、ある程度スキルが林のようになっている必要があります。さらに次に重要なのは時間を作れる人かどうか、ということです。スキルはあっても自分の時間を作るのが下手では良い目利きにはなれません。自分の仕事のプライオリティをしっかりつけてコントロールし、目利きの重要性を知った上で時間確保ができる必要があります。

　なお、基本的にインターネットでの情報収集が重要ですが、セミナーなどにも積極的に参加して足で稼ぐことも重要です。私の感覚では少なくとも月に 1 回以上は外部セミナーを探して参加するくらいでなければ、よい目利きにはなれないと思います。つまり、日常的にセミナーの情報を確認しつつ、重要だと思うものについては時間を調整して参加するという、タイムマネジメント能力も必要ということになります。

日本特有の SIer のクラウド対応

必要なのは議論への参加

　私はユーザー企業側としての立場なので、純粋 SIer としての立場はわかりませんが、これまでの経験で大きく 2 つのパターンがあると思っています。ここでは SIer の立場での対応を記載します。

・ユーザー企業がリードするパターン
・SIer がリードするパターン

　ユーザー企業の状況に応じて違いがあると思いますが、およそ現場はどちらかだと思います（混在もあると思います）。

　ユーザー企業がリードするパターンの場合では、SIer の立場からするとどれだけ議論に入っていけるかが重要です。議論に積極的に参加できずに指示待ちになってしまうと SIer としての価値は出せません。参加していくにはいろいろなきっかけがあると思いますが、クラウドへの対応という意味であれば新しいサービスが出たときだと思います。新しいサービスの情報とその活用法をユーザー企業と一緒に考えていけるとベストではないでしょうか。経験的にユーザー企業がリードする現場においては、ユーザー企業がクラウド業者と繋がりを持っています。そのため、その二者ではなく、三者での議論に持っていけるとよいと思います。

　SIer がリードするパターンにおいては、SIer とクラウド業者の連携を密にすべきでしょう。どういうサービスが有用で売り込めるかをよく考えておく必要があると思います。日ごろの SI の中で課題になるポイントを把握しておくことも重要です。そういうプランがまとまったらそれをユー

ザー企業に提案して受注できるかもしれません。

　ひとつポイントがあるとすれば、当たり前と思うかもしれませんがユーザー企業に魅力的な提案に仕立て上げるということです。経験上、SIerがリードする現場において、ルーチンワーク狙い、メンテナンス狙いの提案だけを行っているとジリ貧になります。重要なのは Win-Win の関係を築く提案を考えられるかです。クラウドの新サービスはビジネスにとって重要なものもありますし、構築の自動化をすることで SIer としても負荷を下げつつ提案が可能です。そういうプランニングをするために議論を持ち掛け、ユーザー企業を巻き込んだものにしていく必要があるでしょう。

コストは変化分を見越して確保

　特にクラウド環境の開発において、SIer はマインドチェンジが必要だと感じます。ウォーターフォール型の開発において見積りを行う際は、作業費の積み上げになっていたのではないでしょうか。クラウド対応するにはその考え方では時代についていけません。なぜかというと、そのサイクル以上にクラウド環境は変化が激しいからです。そのため、コストは変化分を見越して確保する必要が出てきます。実際に作業しなければならない部分に加えて変化も織り込んだコストの確保です。人月見積りが多いと思いますので、人月確保といったほうが馴染みがあるかもしれません。

　「そんなことをしたら今までよりもコスト増になり、競合他社に負けて失注するではないか」という意見も聞こえてきそうですが、そのまま実践したら当たり前ですが失注します。要するに現状のコスト内で効率的に開発し、バッファを生み出して変化に対応できるようにしなければなりません。変化に柔軟に対応できる組織を作っておくことは、ユーザー企業から見ると魅力的です。もしフレキシブルに対応できる SIer ならば、多少高くても選択するでしょう。

◎見積方法の変化

あるシステムの積み上げ型の見積り

IaaS構築	OS構築	APサーバー構築	DBサーバー構築	運用機能構築	セキュリティ設定・設計

ショット数（自動構築の回数）による見積り

作業ショット①	作業ショット②	運用機能構築	セキュリティ設定・設計	変化のためのバッファ

　ちなみに、少しヒントを記載すると作業積み上げベースの見積り方法は早々に脱却すべきです。クラウド環境においては自動化が重要ですし、それを進めることで作業回数ベースの見積りに移行できます。環境に対して何回変化を加えるか、その変化の内容によって見積もることができれば理想的です。ただ、実際には説明のしやすさから積み上げ型の人月換算のロジックがあったほうがいいケースもありますので、そこは柔軟に対応すべきですし、見せ方と管理を使い分けるのもSIerのノウハウのひとつだと思います。

人材は先に集めてから育てる

　クラウドの領域は何度も記載しているように変化が激しくて対応が難しいと思います。実際にSIerが開発しようとすると、はじめにチームを組織しなければならないと思いますが、人が集まらないのが実態ではないでしょうか。新しいことにチャレンジするのに、それに対応できる人を集めてから行うのであれば、もうその時点でスピード感として遅すぎます。対応できるエンジニアが人材市場にプールされるのを待っているわけですから、実態としては提案が周回遅れ以上になっていると言っていいでしょう。
　スピード感を保つには、対応可能なスキルを身につけている人がいない

前提でプロジェクトを組成しなければなりません。つまり、プロジェクト
の中で人を育てるのがクラウド時代の常識であり、先に人を集めてから育
てながらタスクをこなさなければなりません。そのためにはやはりある程
度のコストを見越して確保し、チャレンジするための余力が必要になりま
す。

ユーザー企業のクラウド対応

まずは自分で触る

　今度はユーザー企業としての対応になります。ここでもクラウド時代の
スピードを意識しなければなりません。なんでもかんでもだれかに教えて
もらおうという姿勢ではスピード感は生まれません。そのため、まずは自
分で触って体験する必要があります。他人に教えてもらうのと、実際に自
分で体験するのでは、得られるものの深さと速さが圧倒的に異なります。

　特に、クラウドは専用のサーバーがなくてもいろいろと試すことが可能
です。私も実際に活用しましたが、どこのクラウドでも無料で試すことの
できる利用枠があります。AWSであればアカウント発行されると無料枠
がついてきます。また、不定期ですが特定のサービスにも無料枠がありま
す。こういったものを活用すれば自宅でも簡単に学習することが可能です。

◎ AWS の「10 分間チュートリアル」

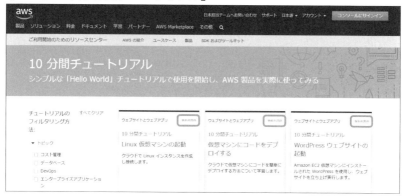

実際に AWS のサイトには「10 分間チュートリアル」というものがあり、さまざまなメニューを試すことが可能です。また、それぞれに無料枠の適用ができるかも記載されています。そのため、これらを試して実際に操作するのが理解への近道だと思います。

　ちなみに、私は仲間内でこのような情報を常に共有しています。オススメのチュートリアルがあれば Redmine に記載しておいて、後からでもわかるようにします。もし新しいメンバーが加わったときにはそれらを共有することでメンバーの早期戦力化も可能になります。単純におすすめするだけではなく、注意点も記載しています。無料枠でできること、高額な利用料請求にならないようにする方法、MFA などのセキュリティ設定です。そういう情報をまとめ、挑戦することへのハードルを下げることもユーザー企業には必要です。

判断は保留せずに即決

　これはスキルがないと難しいとは思いますが、判断は保留や持ち帰りにしないことです。もちろんその場で決められないことはありますが、少なくともネクストアクションを決める必要があります。

　私が感じているユーザー企業と SIer の違いは、そのプロジェクトに対して責任が取れるかどうかです。自分で責任が取れる範囲がユーザー企業のほうが圧倒的に広いです。SIer だとどうしても契約に準ずる必要がありますし、それ以上の提案をすることは難しいことが多いでしょう。一方でユーザー企業は不要だと思えばその場でサスペンドすることも可能ですし、複数の案があってもより有力と思えるものをその場で採択することも可能です。参考までに私が心掛けている進め方を列挙します。

・参加している打ち合わせで判断を保留しない、必ずその場で決める
・どうしても決められないときには決められない理由を明らかにする
・明らかにした理由を解消するためにネクストアクションとその期限を決

める

・決断した内容は自分で責任を取る

　クラウド環境に対応するためにはスピードが重要ですが、そのスピード
の源泉は決断の早さだと言っても過言ではありません。少なくとも決断す
る勇気が必要ですが、恐れることなく決めてしまうことが重要です。それ
は、時には間違っても構わないことを意味します。実際に進めてみないと
間違っているかどうかに気づくこともできないので、間違うこともまた重
要なことです。

　私自身半年くらいして、あの決断は遠回りしてしまったなと思い返すこ
とはあります。ただ、最短ルートの決断が当時下せたかというと、やはり
やってみないとわからなかった、とも思います。やらずに時間を浪費する
よりも、やってみて間違って学習したほうがよっぽど良いのではないで
しょうか。

アメリカの流行を常に追う

　事実として IT 先進国はアメリカです。そこに疑問を持つ人はいないと
思いますが、そこまでわかっているのであればアメリカの情報を収集しな
い理由はありません。私は国内外いろいろな情報を集めていますが、およ
そ以下のような流れになります（AWS を例に記載）。

◎ AWS の情報をユーザー企業が知る流れ

　AWS の場合、一番最新情報が出るのが re:Invent です。最近は毎年ラ
スベガスで行われますが、年に一度のビッグイベントです。ここで多くの
新サービスの発表や方向性が示されます。その約半年後に AWS Summit

が日本で行われます。もちろんここで新しい情報が登場することもありますが、焼き直しも多いと思います。ユーザー企業がこういう情報を取得しにいかない場合、SIer からの情報に頼ることになります。SIer にも自社のスケジュールや予算スキームがあるでしょうから、早くても検証に入れるのには半年くらいかかるかもしれません。そこから実際の提案に繋げるには、評価して要員も検討してとなるとあっという間に 1 年が過ぎてしまいます。

　時間軸で考えると日本のユーザーが情報を手にするのは約 2 年遅いことが多いと思います。もちろん AWS に限った話ではありません。AWS の場合大きなイベントがあるのでまだキャッチアップしやすいですが、米国のスタートアップ企業のイノベーションや、最新の OSS の動向などはもっと遅くなります。クラウド時代においてこの遅さは致命的で、ビジネスチャンスを逸しているのであれば、それだけ企業を停滞させることになりかねません。そのため、昨今のユーザー企業は特にアメリカの IT 情報に敏感である必要があり、それができていないと取り返しのつかないことになると思います。

7章

Infrastructure as Code
の進め方

ソースとバイナリの考え方

Infrastructure as Code は読んで字のごとくインフラをコードで管理するやり方です。これまでインフラというと、まずハードウェアを組み合わせる物理的な構築を行い、その後にソフトウェアのインストールという流れで行っていました。ただ、最近のクラウド環境では物理的なインフラは準備されている前提ですので、すべてがコマンド化できます。コマンド化できるということはソフトウェアのように管理できるということになります。そのため、Infrastructure as Code はインフラ構築にソフトウェア工学の概念を導入する、というのが大きな考え方になります。

理想はソースのみの管理

プログラマーにとっては当たり前ですが、インフラエンジニアには当たり前ではないことも多いので、まずはソースコードの管理方法から記載します。ソースコードは実行するためにコンパイルします。コンパイル言語の場合、実行してテストするときにはコンパイル後のバイナリを配置（デプロイ）してアプリケーションを実行させます。テストを確実に行うにはバイナリの管理が重要になります。実行環境のバイナリが上書きされたりするとテスト環境が壊れるからです。

◎ソースコードを実際の実行環境に配置する流れ

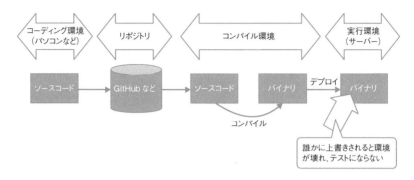

　図のような流れが自動化されていればうまくコントロールできると思い
ますが、物理的に実行環境のバイナリを変更することは可能なので、どう
しても厳密な管理が必要になります。また、本番環境で確実に動作させる
必要があるのでうまくデプロイしなければなりません。そのため、

① テストしたバイナリを管理して本番にデプロイ
② テスト終了時でいったんバイナリは破棄して、デプロイ時にはテスト
　されたソースコードから再度コンパイルしてからデプロイ

のどちらかの管理をすることになります。経験的に①のほうが圧倒的に多
いですが、①のほうはテストしたバイナリに重きを置く考え方です。②の
ほうはソースコードが厳密に管理されていれば、何度コンパイルしても同
じものができることから、ソースコードに重きを置く考え方になります。
　問題は①に重きを置く場合です。ソースコードはリポジトリで確実に
バージョン管理していますが、デプロイのためにバイナリも管理する必要
があります。何度もコンパイルしていれば、どのバイナリがテストしたも
のかわからなくならないようにする必要があります。万が一バイナリが混
ざったり、古いものに置き換えられればテストはやり直しになります。そ
のため、管理対象がソースコードとバイナリの両方になり、二重管理が必

要になります。二重管理が必要ということは、それぞれに差分が発生しないように厳密に管理しなければならないので、管理負荷が増大します。管理をシンプルにするには②のほうが効率的ですが、そのためにはコンパイルからデプロイの仕組みが自動化されている必要があります。

　なお、インタプリタ言語の場合は実行時にコンパイルされるのでこのような問題は発生しません。管理対象はソースコードのみなので、シンプルです。

インフラの場合はバイナリを使わないと起動が遅くなる

　ソフトウェア開発におけるソースコードとバイナリの関係を説明しましたが、その考え方をインフラに適用します。インフラも同様にソースコードで管理していきますが、似たようなバイナリの概念が登場します。
　インフラ構築の順を記載すると以下のようになります。

◎インフラ構築を自動化する流れ

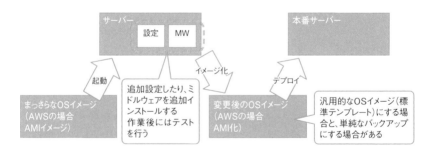

　まず、何も入っていないまっさらの OS のイメージを展開します。すべてのソフトウェアは入っていませんし、設定もデフォルトです。これに対して設定変更を行い、ソフトウェアを追加してシステムを作っていきます。

一般的に Infrastructure as Code と呼ばれる作業は、この設定変更とソフトウェアの追加を自動で行うものです。設定作業をソースコードで記載することで自動化するやり方です。

さて、先ほどの①と同じ考え方でいくのであれば、設定変更後にテストを行ってから再度イメージ化します。それは構築後のバックアップを取得するためと、本番にデプロイするためですが、このイメージ化されたものがアプリケーション開発のバイナリと同じ位置づけになります。

逆に②の考え方を適用する場合、完全に Infrastructure as Code 化（自動化）されているのであれば、まっさらな OS から自動でサーバー構築できることになりますので、イメージ管理（バイナリ管理）が不要になります。こちらのほうがシンプルです。

ただ、②のほうにも問題があります。それはバックアップがないためシステムの起動が遅くなるということです。仮に何らかのトラブルが発生したときには、まっさらな OS から自動構築していく必要があります。仮に完全に自動化されていたとしても、それなりに時間がかかってしまうでしょう。いくつかのミドルウェアでは設定中に OS をリブートすることもありますので、そういう時間はかなり長くなります。つまり、②のシンプルな考え方を適用すると、何か問題が生じたときの復旧に時間がかかるということになります。そのため、インフラ環境においては、どうしても①の考え方を適用しなければならないのですが、それだとすでに記載したようにソースコード以外にバイナリ（OS イメージ）の二重管理が必要になります。

ここでいう二重管理というのはソースコードをリポジトリ（GitHub など）で管理することと、バックアップを別の方法で世代管理することです。仕組み上はまったく異なったものなのですが、双方のバージョンは関連づけて管理する必要があります。AWS ではバックアップは S3 に対してのスナップショットになりますが、これが GitHub と連携するようなサービス、管理概念はないので、自分たちで行うしかありません。

標準テンプレートの扱い

　バックアップと同じようにバイナリの概念が登場するのが標準テンプレートです。AWS であれば、標準的に使える AMI になります。歴史的には Infrastructure as Code の概念よりも標準テンプレートの概念のほうが先に登場しています。先にコモディティ化したのは VMware のテンプレートです。VMware のテンプレート化は非常に強力で、同じような OS を簡単に複製することができるようになりました。ただ、それは同時に新たな問題も生み出しました。

　テンプレートから生成して実際のサーバーで活用される環境は、テンプレートの設定から変更を加えたり追加のソフトウェアをインストールしています。ソフトウェア的に考えるとプログラムがフォークされて別の次元のバージョンが生まれたことになります。ここで標準テンプレートの概念を整理してみましょう（右ページの図）。

　基本形としては、まっさらな OS に対してスクリプトで自動構築していきます。自動構築後にバックアップを取得して、何らかのトラブルが発生したときにはバックアップから復旧します。環境に変更を加えたいときには、まっさらな OS に対して変更分を加えたスクリプトを再度流してバックアップを取得します。この場合、管理は非常にシンプルです。

　次に標準テンプレートが登場した場合です。標準テンプレートを構築するところまではスクリプト化が可能です。そして作成した OS をイメージ化します。次に構築する場合はこの標準テンプレートから OS イメージを展開してスクリプトで構築していきます。標準テンプレートなので複数の OS イメージが生成されていきます。それぞれ生成された OS イメージは独自の進化を遂げていきます。バージョン管理上フォークされたのと同じことになります。

　問題なのは標準テンプレートに対して手を入れる場合です。標準テンプ

◎自動構築とバックアップと標準テンプレートを整理

基本形

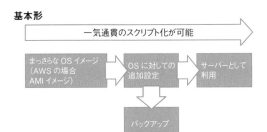

一気通貫のスクリプト化が可能

まっさらな OS イメージ（AWS の場合 AMI イメージ） → OS に対しての追加設定 → サーバーとして利用

OS に対しての追加設定 → バックアップ

標準テンプレート化

標準テンプレート化するまでのスクリプト　　標準テンプレート以降のスクリプト

まっさらな OS イメージ（AWS の場合 AMI イメージ） → OS に対しての追加設定

自動化スクリプトが分断されてしまい、間にテンプレート（バイナリ）の管理が入り込んでしまう

標準テンプレート化 → 標準以降の個別設定 → サーバーとして利用

標準以降の個別設定 → バックアップ

フォークされる

まったく別の環境としてそれぞれ進化していく。永遠に混ざることはない

標準以降の個別設定 → サーバーとして利用

標準以降の個別設定 → バックアップ

レートの設定が間違っていたケースや、追加モジュールを入れたい場合、OS のバージョンを上げたい場合です。標準テンプレート化するまでのスクリプトに手を入れるのですが、スクリプトを変更してもすでにサーバーとして利用している環境に対しては適用されません。これは、標準テンプレートというバイナリの世界によってスクリプトの流れが分断されているからです。

このため、標準テンプレートに対してのメンテナンスを加える場合には、それぞれの環境に別々に対応しなければなりません。ただ、それぞれの環境は独自の進化を遂げていますので、すべての環境に対して差分吸収するようなスクリプトを作るのは困難で現実的ではありません。そうなると、手で作業しなければならない領域が生まれます。これは Infrastructure as Code の概念から外れることを意味し、昔ながらの非常に手間のかかる管理方法に戻ってしまうことを意味します。

　このように、標準テンプレートというと効率が良い印象を受けてしまうのですが、ソフトウェア的に考えると新たな問題を生んでいることになります。そのため、将来的なメンテナンス性を考えると標準テンプレートを私はおすすめしません。Web/AP サーバーのように、同じ OS をたくさん生成してスケールアウトするときには利用すべきですが、そのような要件がない場合には使わないほうが無難です。

どこからやるべきか？

まずはできるところからやってみる

　Infrastructure as Code をやろうと思ったときにはじめに生じる問題は、どこから手を付けていいかわからない、だと思います。どんな新しいことでもそうですが、いきなり大々的にやるのは無理なので少しずつ試しながらノウハウを溜めていけばいいと思います。

　一番とりかかりやすいのはセミナーに参加する方法だと思います。Infrastructure as Code をやってみようと思うといくつか対応できる製品がありますので、その中から好みのものを選びます。一般的には Ansible、Chef、Puppet あたりになると思うので、その中から 1 つ選べばよいでしょう。そして、たとえば Ansible を使うのであれば Redhat 社などが主催するセミナーに参加します。導入のしかたから事例紹介までいろいろな情報が聞けますので、自分で実践できそうなところからチャレンジしていきます。自分の担当がネットワークであれば、ネットワークに関連する作業を試せばよいでしょうし、OS の担当であれば OS に関連する部分を試すとよいでしょう。いくつか試していくうちにどう使っていいかがわかってきますし、そういう自動化は積み上げることで効果が実感できます。「作る→利用する→作る→利用する」という作業を繰り返すことで利用できるコードが徐々に充実していきます。

　なお、インフラエンジニアはコーディングに慣れていないのでハードルが高く感じるかもしれませんが、基本的には「コピペ＋一部の設定書き換え」で対応できます。もちろんカスタマイズして高度なことを行うこともできますが、はじめは製品として準備されているものを使って実感するのがよいでしょう。

ある程度進んだら、バリューストリーム マッピングを実施

　とりあえずやってみる、を繰り返すことによって一定の効果が得られれ ば、次にバリューストリームマッピングを行うとよいと思います。その際、 とりあえずやってみるパターンとバリューストリームマッピングの違いに 気をつけながら進めます。

◎バリューストリームマッピングの考え方

現在の作業

手順① → 手順② → 手順③ → 手順④-1 → 手順⑤ → 手順⑥
手順③ → 手順④-2

とりあえずやってみるパターン

手順① → 手順② → 手順③（自動化） → 手順④-1 → 手順⑤（自動化） → 手順⑥
手順③（自動化） → 手順④-2

バリューストリームマッピング

手順① → 手順② → 手順③（自動化） → 手順④-1 → 手順⑤（自動化） → 手順⑥
手順④-2

ステークホルダーと調整す ることで手順を簡略化する

設計方法を見直すことで手順④ を分岐せずに1つにまとめられる

やらなくてもいい作業 をなくすことが可能

　とりあえずやってみるパターンは既存のプロセスの置き換えです。今の 手順があったとして、その一部に自動化を適用して置き換えていきます。 単純な置き換えなので効果もわかりやすいですし、即効性があります。ア プローチとしてはボトムアップ型といってもいいでしょう。

一方、バリューストリームマッピングを使う場合は、現状の作業フロー分析から入ります。どの作業で時間を浪費しているのかを見える化し、さらに一つひとつの作業がどのような価値を生み出しているのかも分析します。目的は成果物作成の時間短縮なので、アプローチが悪ければ見直すことも可能ですし、必要に応じてステークホルダーと調整するやり方もあります。

　あまりピンとこないかもしれないので、具体例を示します。これまであるサーバーを構築する場合に必要なディスク領域をヒアリングしていたとします。OS 領域で 50GB、データベースで 700GB のように細かく聞いていたとします。ただ、設計の時点ではそこまで細かい要件を出すのは難しいですし、クラウド環境を使うのであれば後からでも簡単に変更できます。そこで、環境を作るときにはじめは「OS 領域は 30GB、データベースは 200GB として提供します」のようにルールを決めてしまいます。実際に使いはじめて足らなければ自分で追加できるようにしておけば、構築が合理化できます。

　提供者側はディスク領域をヒアリングしないで作業を定型化できますし、利用者側は設計せずにとりあえず動かしてみて、動きを見ながらサイジングすることが可能になります。このように、仕事のやり方を見直してしまい、作業フローを大きく変える（減らす or なくす）ことができるのがバリューストリームマッピングになります。

今の自動化が最適かを定期的に確認する

　どんな仕事でも、夢中になるとその目的を見失うことがあります。自動化も同様です。とりあえずやってみるパターンで少しずつ進化して、あるタイミングでバリューストリームマッピングを行い最適化したとしましょう。その後は再びとりあえずやってみるパターンに戻り、日々の改善を繰り返すことになります。理由は、システムは毎回がカスタムメイドなので、

常に変化しますし、技術も進歩するからです。そうすると、どこかのタイミングで再び理想と乖離している可能性が生じます。再びその乖離をなくすにはバリューストリームマッピングをもう一度行えばよいのですが、それは定期的に見直しが必要ということを意味します。

　定期的に見直すことが必要ということは、バリューストリームマッピングも合理的に行えるように準備する必要があります。バリューストリームマッピングで一番重要な作業はフローの作成です。自分たちの作業が正確にフロー化されていないと分析できないからです。つまり、このフローを常に最新化しておけば、いつでも見直すことが可能になります。

　私はこのフローをボックスと矢印で可視化する必要はないと思います。可視化しやすいフロー図にしてしまうとどうしてもそのメンテナンス性が下がるからです。必要なのは作業の順番に関する情報なので、それらが管理しやすい方法がよいでしょう。

　本来は可視化ツールで管理できると理想的ですが、現実的にはあえてExcel の作業一覧として管理する方法がオススメです。単純に Excel には馴染みがあるのと、作業項目の追加削除がコピペと行削除で行えるので簡単です。特に自動化が成熟していないときには慣れている方法での管理がいいと思います。問題点があるとすると作業がシーケンシャルにしか管理できないところですが、インフラ構築では作業が分岐したり、どこかの作業の完了を待つような複雑なフローになることはほとんどありません。経験上ゼロではないですが、仮にあったとしても、トレースできなくなるような複雑性はないので、作業項目一覧で十分だと思います。

　繰り返しにはなりますが、重要なのは最新化されたフローがあることです。メンテナンスしやすくして使いやすくすることで、最新化されるようにしたほうが、メリットがあるということになります。

まずはスクラムを組んではじめてみる

スクラムの本質

　採用するアーキテクチャだけでなく、仕事のやり方や組織もまずは試してみて、そして工夫していくのがいいと思います。「DevOpsをやるんだ！」と言っていくらやり方を学んだところで、本当にそのやり方が正しいという保証はありません。自分たちのスタイルに合うとも限りませんし、そもそも今のやり方にも理由があったり、一定の合理性はあるものです。良い部分もあるのにそれも捨て去ってしまう必要はないと思います。

　そう考えたときに、スクラム（アジャイル開発の一つの方法論）を組むことの意味をはじめに考えるべきでしょう。テクニック的なものではなく、本質を理解するということです。私は、スクラムの本質はメンバー内の意識統一だと思っています。みんなで同じゴールを目指して走ることが目的で、その目的を共有することです。ゴールの目指し方には人それぞれ違いもありますし、意見も異なります。ただ、ゴールに向かうという目標と、できるだけ最短距離で短時間で走る、という価値観は共有できるでしょう。重要なのはそういう価値観の共有になります。

　そのため、まずはじめに行うべきは意識統一するための目標設定になります。いろいろなものがあると思いますが、より具体的に説明するためにいくつか例を記載します。

- インフラ提供するときのヒアリング項目を半分にして利用者が使いやすいものを提供する
- 今の環境構築期間の半分の時間で構築できるようにする
- 今の組織で、倍のプロジェクトがあっても対応できるようにする

このように、より具体的な目標にすると意識統一しやすくなります。たとえば「今の半分の時間で構築できるようにする」という目標を立てたとしましょう。そうすると、多くの人はこう思うはずです。「そんなの無理だ」と。この無理だと思わせるのがポイントです。

　よくありがちなのが、先に到達可能な予測を立てて、そこを目標にするパターンです。そのようなやり方だとスクラムの意識統一の本質は突けていないと思います。ある程度予測可能ということは、その目標設定者がすでに目標達成のやり方をわかってしまっているからです。迷路をゴールからやるようなものです。目標を設定する人、つまりリーダーすら解決が無理だと思うような高い目標を設定することに意味があります。

　その目標をクリアするには一人の力では達成できません。チームワークを良くして、意見を出せる土壌が必要で、複数人の知恵を絞ることで大きな目標をクリアできるようになります。それがチームの力であり、スクラムの良さ（＝コミュニケーションの良さ）だと思います。逆に、このようなチーム力があるのであればDevOpsをやる必要もありません。もっと言うと、コミュニケーションさえ良ければ、1つのスクラムの人数が多くても問題ありません。全員の意識統一ができる最大人数がその会社・組織の最大スクラムサイズになります。

スクラムの拡張方法

　さて、大規模なエンタープライズ系の企業において、システム数が多かったり人が多くなってくると、開発者の人数がどうしても増えてしまいます。教科書どおりの1スクラム8人よりも増えてしまうとスクラムを分割する必要が出てきます。ここではその分割方法について取り上げます。分割するには図の2つのパターンがあります。

◎スクラムの拡張パターン

各スクラムで同じことをする

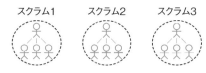

スクラム1　　スクラム2　　スクラム3

スクラムごとの役割を明確にする

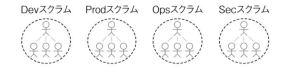

Devスクラム　Prodスクラム　Opsスクラム　Secスクラム

　教科書どおりに分割する場合は、各スクラムで同じことをするパターンでしょう。階層化するのであれば、スクラムオブスクラムにします。ただ、この方法にはクリアすべき難しい問題がいくつもあります。

- ・各スクラムを機能させるには、全スクラムに優れたリーダー※1が必要だが社内にはいない
- ・それぞれのスクラムで専門スキルを持ったメンバーの組み合わせが必要だが、全方位的にカバーしあえるようなスクラムが組めない
- ・スクラムが独立して自ら考えるので、スクラム間の情報共有が難しくなる

　まず、人材の問題ですがここが一番大きいと思います。実際にスクラムを分割するようになるにはそれぞれのスクラムに優れたリーダーが必要です。ただ、実際に社内を探してもそのような人材はほとんどいません。いわゆるエースが必要ですが、そういう人材は引っ張りだこなので、確保が

※1　スクラムマスターと書いたほうがいいですが、マスターという用語よりもリーダーのほうが馴染みもあり、わかりやすいのでリーダーという言葉を定義しています。

困難です。

　続いてスキルを持った人材の確保です。スクラムには自立性が求められますが、それはそういうものを生み出せる人材がカバーしあえないと実現できません。アプリケーションに詳しい人、インフラに詳しい人、データベースに詳しい人などを組み合わせて配置しなければなりません。特にクラウド環境における開発はまだまだ経験者も多くありませんし、スキルを持たない人材のほうが圧倒的に多いのです。スキルがないのに自立性を求めても、いろいろ出現する壁を乗り越えられず実現不可能になるでしょう。

　最後は情報共有の難しさです。それぞれが独立して自由に考えていつつも、隣のスクラムにもっと良いものがあれば簡単に取り込めるようなフレキシブルさがあればいいのですが、実際は難しいと思います。スクラム間のコミュニケーションが少なくなっていき連携が薄れる危険性もありますし、無理に連携を強めようとするとオーバーヘッドが増えていきます。このオーバーヘッドが問題で、スクラムの数が多くなればなるほどオーバーヘッドが増してしまいます。つまり、組織がスケールしないのです。

　このため、DevOps の利点と現実の組織を考慮すると、私はそれぞれのスクラムに緩い独立性を持たせつつ、ある程度役割を明確化するほうがよいと考えています。単純なチーム分割と何が違うの？　と言われれば、そこまで変わらないでしょう。強いて言えば、スクラムと呼ぶことによってDevOps のマインドを意識させるといった、言葉による意識改革の意味合いが強いと思います。

　それではそれぞれのスクラムについて説明していきます。

Dev スクラム

　まずは Dev スクラムです。「おいおい、いきなり分けちゃって DevOpsじゃなくなっているじゃん」というツッコミが入るのは承知の上です。ただ、このほうがわかりやすく機能します。重要なのは何度も言いますが、意識の統一です。全スクラムでそれが達成できていれば、それは全体とし

て DevOps ができている、ということになります。

Dev スクラムの役割ですが、ここでは自動化パーツの製造を行います。基本的にコーディング部隊になりますので、メンバーはプログラミングスキルがあることが前提になります。

Prod スクラム

続いて Prod スクラムです。ここは提供するシステムを作る役です。Dev スクラムで作ったパーツの組み立てに徹して、システムを作っていきます。そのため、パーツごとのスキルというよりは、構築の流れを理解するスキルや運用を意識するスキルが必要になります。このような微妙なスキルセットの違いがポイントで、スキルセットが変わることによって要員の確保も明確にしやすくなります。

Ops スクラム

次に Ops スクラムです。本番環境にリリースすると、どうしてもメンテナンス作業が必要になります。そのため、ここではメンテナンス作業をメインに行い、その他改善を実施します。また、インフラ構築の自動化を進めると、自動化するための管理サーバー群が必要になりますが、それらのサーバーの管理も Ops スクラムで行います。

Sec スクラム

最後が Sec スクラムです。ここはセキュリティ専門で検討およびチェックを行います。セキュリティは重要かつ、スクラムを横断的に確認する必要があります。そのため、実態としては全スクラムの取りまとめ機能も一部有します。

このように、各スクラムにはそれぞれの役割を明確にすることで、スクラムごとの目的をはっきりさせ、必要なスキルセットを絞ります。目的をはっきりさせることで、多少経験のないリーダーだったとしても判断しや

すくなりますし、スキルセットを絞ることで人材確保もしやすくなります。さらに、スクラム間の連携が重要なタスク（セキュリティ）には専門のスクラムとして準備して横断的に管理することで、緩やかな独立性を確保しながらも、全体の連携も確保することが可能です。

　繰り返しになりますが、重要なのはスクラム間とスクラム内の意識統一です。それが損なわれないように、また意識統一しやすいような動機づけと組織作りが大切で、教科書どおりに DevOps をやればうまくいくというわけではありません。なお、今回記載した例はあくまでも私の考えに基づいたものなので、これがすべての組織にも適用できるとは限りません。重要なのは、自分の組織に合ったカスタマイズをすることと、本質を見落とさないことです。

大枠だけ決めて動きながら動きにくい部分・組織を変えていく

　組織は自分たちの状態に合わせて常に変化させるべきです。そのほうが仕事もやりやすくなります。単純に規模によって変わるだけではなく、チームとして持っているスキルやプロジェクトのタイプによっても変わります。

　たとえば、同じ規模のチームだったとしても、Infrastructure as Code をはじめた頃とある程度慣れてきた頃ではだいぶ変わります。はじめた頃は作らなければならないものが多いので、チームとしてはコーティングする量が多くなります。量が多くなればコーティングに専念したほうがよいので Dev メンバーを充実させます。スクラムが 1 つでは足りなければ 2 つの Dev スクラムに拡張します。

　ある程度開発したソースコードが充実してくれば、今度はそれを使ったシステム構築にシフトします。Dev から Prod にメンバーをシフトしていき、チームに求められているバランスを取るようにします。

◎臨機応変に役割を変更する

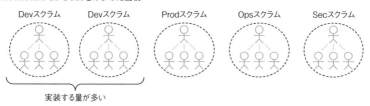

Infrastructure as Codeをはじめた当初

Devスクラム Devスクラム Prodスクラム Opsスクラム Secスクラム

実装する量が多い

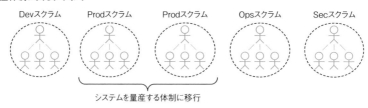

量産体制に入るタイミング

Devスクラム Prodスクラム Prodスクラム Opsスクラム Secスクラム

システムを量産する体制に移行

　スクラムを目的別に分ける狙いは、どのスクラムで何をすべきかをわかりやすくして、チーム全体の動きをよくするためでした。一方でチームとして求められているものが変われば、リニアにスクラムを組み替えるフレキシブルさも重要です。そうやって柔軟に対応することで、クラウド時代のスピードに対応できるようになります。

重要なのはスピードを維持すること

　Infrastructure as Code を進める上で重要なのは単に自動化することではなく、スピード感のあるリリースができるかどうかです。スピードが遅くならないための開発プロセスを最優先で検討する必要があります。スピードを維持する開発プロセスとしてアジャイルのアプローチは有効です。

　ここでアジャイルの目的をもう一度考えてみます。いろいろなメリットがありますが、スピードを維持するという狙いであれば、アジャイルの目的は細かい単位でのデプロイができることでしょう。大きなものを一気に作ってリリースするのではなく、細かくリリースして作ったもののメリットを刈り取っていきます。Infrastructure as Code ではこの開発プロセスに乗せることが非常に有効です。

◎少しずつ一部から自動化を進める

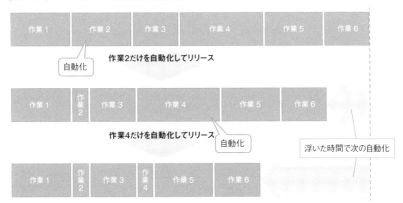

図のように、全体があったときにまず一部だけ自動化します。その一部をリリースして使えるようにすることで、次からの作業はリリースした部分が使えることになります。そして一部分は自動化しつつ、次に自動化する部分を増やしていきます。

　アジャイルというと「スプリント計画を立てて2週間でリリース」という形にするのが一般的ですが、私は必ずしもこのセオリーに縛られる必要はないと思います。Infrastructure as Code はアプリケーション開発と異なり、非常に小さい機能に分解できるものが多いためです。たとえば、一般的なアプリケーションであればユーザーインターフェースである画面が必要であったり、それを動かすためのバックエンドの仕組みが必要です。場合によってはデータベースも必要でしょう。そのため、リリースするにはある程度まとまった単位が必要になります。しかし、インフラ構築の場合はそこまでトータルパッケージのようなものにしなくてもリリースできるものが多くあります。設定変更をシェルで書いていればそれだけをリリースすることもできるので、非常に細かいコントロールができます。

　そのため、特に効果を得やすい実装が簡単な部分から、細かい単位で繰り返しリリースすることが重要になってきます。1本のスクリプトが10分で書けるのであれば、リリースまでを数時間でできれば理想的です。

　エンタープライズ系の企業では本番リリースには手続きが必要になるので、実際の本番環境への適用はある程度まとめたほうが効率的かもしれません。ただ、開発環境を作るようなスクリプトは早いタイミングでリリースしてすぐに使えるようにして、スピードが失われないようにします。

　また、ものによってはまとまった機能として提供する必要のあるものもあります。そういう場合は無理にアジャイルのスプリントに当てはめず、1ヵ月以上などの時間をかけるべきです。

設計書は最小限で作成

　スピードを阻害する要因としてドキュメント作成があります。スクリプト開発とは別に設計書を作成すると思いますが、設計書作成には以下の課題があります。

- ・スクリプトを記載するエディタとは別のツールで設計書を記載する必要がある
- ・スクリプトと重複する部分がある
- ・作った後にメンテナンスが必要
- ・メンテナンスされていない設計書は読まれることはない

　私が地味に面倒だと感じるのは記載するツールの切り替えです。スクリプトはエディタでコーディングしていきますが、設計書は Excel で記載することが多いのではないでしょうか。特に、プログラム設計書を書く場合には、Excel に書いてあるものを眺めつつ、エディタも利用します。実際には教科書どおりに設計書を書いてからコーディングということもなく、先にある程度コーティングしたり、双方を行ったり来たりすると思います。

　このツールの切り替えが発生する場合には無駄が発生していると考えていいと思います。無駄があるのであれば「やめてしまいましょう」ということになります。また、実際に書いてみるとプログラム設計書とスクリプトに重複する部分があると思います。アルゴリズムを設計書に細かく説明していると実際のスクリプトを書いているのと同じレベルになっていることがあると思います。これも無駄ということになります。

　つまり、ツールの切り替えも手間で、重複して書くこともあるとなると、無駄がかなりあるということになります。そこで、私がよく行うのはプログラム設計書を書かないという方法です。スクリプトを記載する前提のような説明は設計書として残す必要がありますが、細かい仕様についてはス

クリプト内部のコメントで対応します。イメージでいうと JavaDoc が一番近いと思います。JavaDoc のように、あとから HTML 生成できるとより良いのですが、そこまでできなくてもかまいません。直接スクリプトを読んでも見やすければいいのです。

　ちなみに、いろいろ調べましたが、Python、Shell、JSON、YAML、Ruby、Perl、PHP あたりの言語を下図のようにまとめて JavaDoc のように HTML 生成できるツールはありません。Doxygen が近いかと思いますが、結局期待値に対してカバレッジが高くないのでちょうどいいものはないと思います。

◎オールマイティなドキュメント生成ツールがない

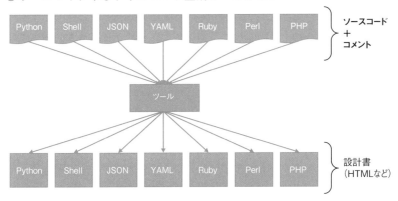

　自分で開発してしまう手もあるとは思いますが、そこまでするのであれば、コメントの書き方でうまくコントロールするほうが効率が良いと考えています。

　メンテナンスに対する考慮も重要です。そもそも、ドキュメントは少しでもメンテナンスされないとあっという間に使えないものになります。ドキュメントを読む人の気持ちになれば簡単に理解できると思いますが、少しでもメンテナンスされていないことがわかると、そのドキュメントに疑念を持ちます。頑張って読んでも間違っている可能性があると思うと、そ

れだけで読む気をなくします。そうなると人はソースコードを直接読みに行きます。そのほうが手戻りがなくて早いからです。

　さらに、そのソースコードを改修しても、ドキュメントは修正しないでしょう。自分が改修した部分は修正することができますが、ほかの間違いまで探して直すのは大変です。さらに、自分のところだけ中途半端な修正をすると、後から読む人に何でそこだけ直したのか責められるかもしれません。労力に見合うリターンが得られないどころか面倒ごとになりかねないとなれば、ドキュメント修正自体をあきらめることは容易に想像できます。そうやってドキュメントが無駄なものになっていきます。

　逆に、ソースコードのコメントを利用していれば、コード修正だけしてコメントは修正しないという人はほとんどいないので（少なくとも私は出会ったことがありません）、かなり高い確率でメンテナンスされます。このように、人の動作に無理が生じないように、自然に作業できる環境を整えることが重要です。

利用ガイドは作成しない

　エンタープライズにおいてクラウド利用を検討すると、一定のルールや使い方を整備する必要があります。会社ごとに定めているプロセスや、セキュリティなどの要件を満たすためです。ただ、クラウドのサービスは想像以上に拡大スピードが早いため、それらの整備が追いつかないのが実態です。

　ルールを整備しようという場合、多くの人が利用ガイドの作成を検討します。ガイドを作成してそれを利用者に渡せば効率的になると思うからです。ただ、クラウドの世界は必ずしもそのセオリーが通用しません。利用ガイドが効果を生むのは、ガイドが説明する部分で変化が起きにくく、かつ何度も利用される場合です。逆に変化が多いとガイド修正の負荷のほうが高くなりすぎてしまいます。

　とはいえ、ガイドがまったくない状態というのも厳しいので、必要最

小限に抑えて作成するようにします。では、どこが必要最小限かというと、コンセプトの部分と変化しにくい部分です。クラウド利用におけるコンセプトの部分は、基本的な構成・配置やコストに対しての考え方、セキュリティの考え方などの概念です。変化しにくい部分のほうは、モノリス系システムの単純クラウド移行（リフト）でしょう。特にエンタープライズにおいてのクラウド移行を考える場合、相当数のシステムがまずはリフトを選択することになると思います。リフトの手法については、毎回変わるものではないのでこういったものについてはガイドを作成すると効率的です。

　逆に、クラウドならではの使い方や、新サービスを使うケースにおいてはガイド整備が追いつきません。

◎ ガイドの整備が追いつかない

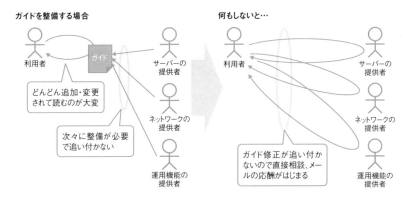

　何もしないと、図のように利用者から提供者に直接問い合わせをはじめます。メールの応酬がはじまりコミュニケーションロスが増大するだけでなく、全体をコントロールをして最適化することができなくなり、個別最適化がはじまります。そうならないために、2-3節でも解説しましたがコンシェルジュを配置することをおすすめします。

◎コンシェルジェを配置してコミュニケーションを効率化

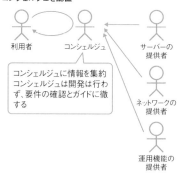

コンシェルジュを配置

利用者　コンシェルジュ　サーバーの提供者

コンシェルジュに情報を集約
コンシェルジュは開発は行わず、要件の確認とガイドに徹する

ネットワークの提供者

運用機能の提供者

　経験上、コミュニケーションロスが多い場面は、どんなにルール化しても、ガイドを作ってもうまくいきません。システム開発は毎回がカスタムメイドなので、どうしてもコミュニケーションが重要になります。そのため、コミュニケーションを円滑に進めるコンシェルジュの配置は重要です。

　ちなみに、コンシェルジュのロールを担う人は専任で配置したほうがいいと思います。チームの規模が小さければしかたないですが、2人でもいいので専任させられると効率が良くなります。コンシェルジュに開発機能を持たせると、開発とガイディングのバランスを取るのが難しくなります。コンシェルジュもエンジニアなので、そのマインドチェンジが難しいのです。マインドチェンジできないと開発寄りに思考がずれていってしまいます。

　私はチーム運営で、Dev、Prod、Ops、Secと分割していますが、コンシェルジュはこれと独立したメンバーで構成しています。コンシェルジュはコントローラーの役割も担って、プロジェクト初期のハンドリングも行うのが大きな理由です。プレイングマネージャが具体的な仕事に夢中になり、ついマネージングをおろそかにしてしまうのを防ぐのと同じような意味があります。

テストは効果の高い部分からコード化

　Infrastructure as Code を進める上でテストの自動化も必須になります。ただ、実際にやろうとするとどこから自動化すればいいかわからない、というケースがあるのではないでしょうか。ここもあまり難しく考える必要はありません。アプローチは一部機能を小さい単位でリリースするのと同じです。

◎テスト自動化も効率的なところから

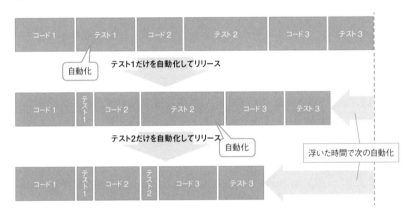

　わかりやすくする意味で、先ほどの図「少しずつ一部から自動化を進める」(p.196) と同じで文字だけ変えてみました。テストの自動化をするのであれば、テスト駆動開発 (TDD) のエッセンスを取り込むのもひとつの選択肢です。TDD は死んだなどと言われたこともありますが、私はテストコードの作成に意味はあると思いますし、CI/CD を回すにはテストのパイプラインも必要になります。ただ、はじめからそれをすべて行うのも難しいので、少しずつできるところからやっていくのがよいでしょう。慣れてくればコーディングと同時にテストコードも書けるようになってき

ます。特に改修が多いソースコードほどテストコードは有用です。

　ちなみに、アプリケーション開発におけるテスト自動化と、インフラの
テスト自動化は少し意味合いが違います。インフラの場合、基本的に環境
構築のコードがCLIを連続して呼び出すものになります。わかりやすく
言えば、プログラムを次々に呼ぶようなシェルスクリプトにイメージが近
くなります。そのため、私は自動化するにあたり、ホワイトボックステス
トではなく、ブラックボックステストを重視します。実際にコードを動か
して環境ができているかを確認するのはブラックボックステストの色が
強いからです。中にはホワイトボックステストと位置づけられるもの（た
とえば設定パラメータのチェック）もありますが、はじめから細かく対応
していくよりも、ブラックボックステストを重視して網羅率を上げてから、
さらにテストの質を高めたほうがいいと思います。

　ここも考え方としてはアジャイルを導入しています。まずは網羅性の高
い、効果の高い部分を狙って実装し、都度品質を高めるためのテストコー
ドを充実させる、というものです。あとで作りたいと思ったものはいった
んバックログに入れておけばいいのです。

構成管理に Excel を使わない

　多くの会社で、インフラ構築のためのパラメータをExcelに持たせてい
るのではないでしょうか。実際に私も多くのパラメータシート（設計書）
をExcelで作ってきました。ただ、Infrastructure as Codeを実践すると
きに、このやり方は致命的な欠点をもたらします。Excelのパラメータ情
報を自動で抜き出すのが非常に難しいのです。

　Excelのあるセルの情報を抜き出そうとすると、マクロを組んだり、
CSV化したりと、いろいろなやり方で抜くことはできなくはないですが、
かなり作り込みを必要とします。また、システムには導出項目があるので
すが、そういうもののプログラミングもやりにくくなります。さらに、将

来的にイミュータブルインフラストラクチャーを狙いたいのであればなおさらです。毎回マクロを動かしてイミュータブルに環境を構築するのは安全とは言えません。ファイルが移動されたり壊されたりする可能性もあります。そのため、設計したパラメータが正しく反映されるようにするには設計書の値をデータベースで厳密に管理するのが一番です。

◎構成管理情報をデータベースに格納する

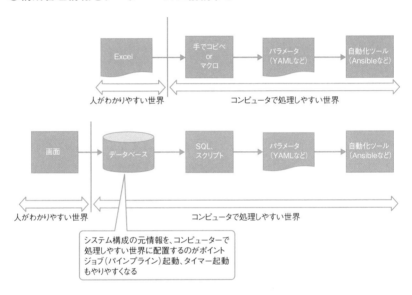

　図のようにデータベースに入れることによってSQLで抜くことができるようになり、後続で実行したいCLIとの相性が良い状態を作り出せます。さらに、複数パラメータを結合して別のパラメータを導き出したり、パラメータに計算を加えることで別のパラメータを導き出すのが容易になります。なお、複数システムの値を透過的に確認したい場合もExcelだと不便です。Excelは複数ブックに分かれている可能性が高いからです。

　さて、ここで問題になるのがデータベースへの格納方法です。さまざまなパラメータを直接データベースにSQLで入れていくのは、あまりにも

わかりにくいので現実的ではありません。さらに、あとからパラメータを見たいと思っても、人にはやさしくありません（コンピューターに対しては扱いやすくなっているので CLI 化がしやすいのです）。そのため、データベースに格納しやすくするための何らかの画面が必要です。経験上、ここが大きな壁になることがあると思います。

Infrastructure as Code をしようと思っている、その実行者はインフラエンジニアだと思いますが、アプリケーション開発をしたことのないメンバーにとって、画面設計・画面開発はかなり難しいものです。その山を乗り越えられるかどうかがひとつの鍵になります。スキルがあればスクラッチ開発してしまってもいいと思いますが、難しい場合も多いでしょう。実際にやりたいことはインフラ構築の自動化ですが、スクラッチ開発する部分はその前段で、そこをいくら頑張ってもそれだけではインフラ構築は効率化されません。

そのため、画面開発には OSS の力を借りたほうがいいと思います。すでにパッケージ化されていて、カスタマイズもしやすいものを選べばよいのです。私は Redmine を使っていますが、CMS 系のツールならなんでもいいと思います。もし、VB 系のスキルが多い現場であれば、画面部分だけ Access で作ってしまうのもありかもしれません。Excel から移行もしやすいですし、データベースとの相性も良いと思います。画面開発は少しハードルが高い部分ですが、考え方と目的を見失わないようにしてうまく省力化することで壁を乗り越えてください。

組織的対応には自発的に動くことが
最も重要

意見を言うことが正しいと広める、
その雰囲気を作る

クラウドを使うことと直接的には関係ないですが、クラウドを利用する目的がシステム構築のスピードアップならば、それに合わせて組織のカルチャーも変える必要があります。日本において、特にエンタープライズでは、SIerと組んだ独特のシステム開発構造のため、自分の意見を言いにくい文化があると思います。もちろん現場によって違いはあると思いますが、ユーザー企業とSIerの間には契約が存在するため、契約に沿った内容を達成しようというマインドが働きます。

◎契約による両者の関係

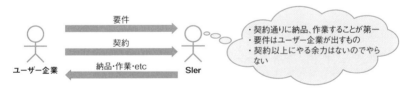

SIerからすると契約を獲得するために価格を下げる努力を行っていますし、要件以上のことをやろうとすると作業が増えてしまい、最悪赤字になってしまうこともあります。そうなると当然現場のマネージャーの評価は下がるので、そうならないように、極力余計なことを行わないような指示を出すようになります。そういう状況が蔓延してくると、必要以上に行わないことが当たり前になり、要件はユーザー企業が出すものというカルチャーが生まれます。そういう状況になると組織は膠着してしまいます。

膠着した組織をどう変えていくのか、そこが問題になると思いますが、一番重要なことは意見を言えるようにすることです。もちろん、なんでもかんでも話題にして議論が発散すると時間ばかりかかって前に進みません。そのため、議論するときにコツがあります。今のやり方を改善するときの議論であれば、作業のアウトプットが変わらないという条件（仮に変わったとしても受け入れられるレベル）の中で効率化するやり方の意見を求めればよいのです。今の手順はこういうやり方で行っているが、本当にこれでいいのか、ということを真剣に議論します。その際、最も有効な手法はブレインストーミングでしょう。アウトプットが変わらないというゴールを設定して自由に議論します。

　ブレインストーミングは意見の質よりも量を重視します。セオリーどおりここが一番のポイントです。正解でも間違っていても構わないのです。よくあることですが、意見をいろいろ言っていると、言いながら新しい意見を思いつくこともあります。こういう状況をどれだけ作れるか、が重要です。

　ブレインストーミングでは、意見の量を引き出すために「否定しない」というテクニックが有名ですが、これも特にシステム開発では重要です。ユーザー企業と SIer の関係には見えない上下関係が生まれていることがあります。どうしても発注側であるユーザー企業のほうが強くなる傾向にありますが、議論するときにこの関係は自由で活発な議論を阻害します。そのため、ブレインストーミングをコントロールするファシリテーターはよく注意する必要があります。

　ひとつの進め方として、はじめに意見が出なければ、SIer の意見を求めてそれを中心に話し合っていくのがいいと思います。とにかく意見を言えるようにして、それを客観的に評価して最も良いものが選択できればいいと思います。どんな人でも言った意見が採用されれば気持ちいいものですし、もう一度言ってみようというモチベーションが生まれます。そういう雰囲気が自発的な組織には不可欠ですし、それが実現できればその組織はスピードも手に入れられると思います。

義務から目標にすり替える

　だれでも後ろ向きで義務のようなものを課せられるとモチベーションは低下します。ここではモチベーションを低下させないコツについて記載します。特にチームリーダーや議論するときのファシリテーターに必要なテクニックだと思います。

　たとえば、ある作業に2人月かかっていたとしましょう。これを1.5人月に削減しなければならない目標がチームリーダーに課せられたらあなたはどうしますか？ そのまま部下に「1.5人月にしろ」と命令しますか？ もしかしたら0.5人月であれば必死に働けばクリアできるレベルかもしれませんが、明らかにモチベーションは低下します。部下からすると、この上司はダメだと思うでしょう。よくあることですが、こういうタイプの上司はこの手を一度ではなく何度も使います。根性論の削減作戦を際限なく繰り返すのです。私の経験上、はっきり言ってそこからは何も生まれません。組織が腐っていくだけです。

　とはいえ、1.5人月に削減しなければならないのであれば、なんとかしてそれを達成しなければなりません。基本的に2.0人月を1.5人月にするような、25％くらいの削減を実現しようと思うと仕事のやり方を変えなければなりません。仕事のやり方を変えるには仕事をしている人の意見を重視するのが一番の近道です。仕事をしている人が一番手間だと感じる部分を解消していけばいいのです。そのときに「25％削減するにはどうすればいい？」とダイレクトに意見を求めるのはNGです。組織が活性化していれば考えてくれるかもしれませんが、あまりうまくいかないと思います。

　そこで、私は今一番面倒だと思うところや手間のかかっている部分についてブレインストーミングを行います。おもしろいもので、人は不満やネガティブな仕事については強く印象に残っていることもあり、具体的な意見が出やすいです。それらを並べてみてどうすればよいかをみんなで考えます。意見を出す人からすれば面倒な仕事を減らせるチャンスになるので、

そういうことも明確に伝えます。今より楽に仕事をするにはどうすればいいか？　というのが、重要なキーワードだと思います。楽になるのであれば、と思えば意見も出しやすいはずです。この時点で削減という義務から、自分たちの仕事を楽にするという目標にすり替わっています。

　さて、このように目標にすり替えようとしてもうまくいかない人たちがいます。それはSIerのマネージャーです。どんなにユーザー企業がうまいことを言っても、結局は25％削減されてしまうので、売り上げが下がってしまいます。そこに気づいている人がいると、この議論はなかなかスムーズに進みません。

　そのため、はじめにある取り決めを行っておく必要があります。「一定期間は25％削減しない」という約束です。もちろん最終的には削減するのですが、一定期間を置くことが重要です。SIerからすると25％削減されることになりますが、逆に考えると25％削減するノウハウが手に入るとも言えます。さらに、一定期間猶予されるのであれば、その期間の利益率は上がります。そのうえ、その一定期間に別の効率化を実現すればさらに利益率が上がるチャンスすらあります。

　つまり、単純に削減するのではなく、削減するための合理性と十分なうまみがあることが重要です。何かを変えようと思う場合、人は基本的に保守的に考えますので、抵抗します。うまく進めるにはWin-Winになることが重要で、そこの合意なくして物事は進みません。

はじめの一歩目は重いので用意周到に準備する

　何か新しく効率化をしようとすると、その変化を受け入れてもらうのは簡単ではありません。たとえば、あるツールを導入したいとします。ツールは全員で共通化することで効率が増していくものが多いですが、うまく進めないと導入しても使われず、結果廃れていきます。そうならないように、うまくガイドしなければなりませんが、以下の点に気をつける必要が

あります。

① 導入の目的とメリットを明確にする
② 使わない場合のデメリットを明確にする
③ はじめの一歩のハードルを極力下げる
④ 使いたいと思っていた人が自然に使えるようにする

　①と②は表裏一体なのでまとめてしまってもよいのですが、たとえば新しいツールを使うのであれば、そのメリットを明確にして、使わないことのデメリットも強調する必要があります。仕事を合理的に改善するには今のやり方を変える必要がありますが、多くの人は変化を嫌うので変更された後にメリットがなければ受け入れてはくれません。多少メリットがある、というくらいでは変更の手間に負けて変わろうとしないことが多いでしょう。そのため、変化することのメリットをはっきりさせて、変わることに対してコンセンサスを取る必要があります。また、経験的にどんなにメリットがあることがわかっても、簡単には受け入れてもらえるものではないので繰り返し説明する必要があります。感覚的には同じことを3ヵ月以上さまざまな人に言いつづけなければならないと思います。半年後にようやく軌道に乗りはじめれば合格、というレベル感です。何かを変えるというのはそれほど大変で、リードしていく人には心が折れないような忍耐力も必要です。

　③は新しいやり方のはじめの一歩を極力下げるということです。たとえば、新しいツールを入れる場合、新たに使う人のハードルを極力下げるようにあらかじめ準備します。オペレーションとしてツールに対してログインが必要であれば、すぐにログインできるように事前準備をしておきます。初期パスワードだけ教えることで使えるように準備しておくのと、いざ使ってもらうタイミングでユーザー ID を作って初期設定するのでは大きく印象が変わります。用意周到に準備し、スムーズに対応できると利用者の印象は変わりますので、最初の印象が悪くならないように考えること

が重要です。

④は、もともとツールを使いたいと思っていた人を大事にします。使いたいと思っていた人は賛同者であり、フォロワーになってくれます。そういう人との同調を大事にすることで利用が促進されます。賛同者やフォロワーは基本的なコンセプトや考え方を把握しています。そのため、提供側がトリッキーなことをしなければ自然と受け入れてもらえます。たとえば、ツールであれば、そのツールに合った自然な使い方を提供すればよい、ということになります。開発プロセスや開発手法であれば、一般的に語られるやり方と大きく乖離しないことが重要です。

このように、説得し、はじめの一歩のハードルを下げ、賛同者が自然に使っていけるような仕掛けをいろいろと多段で考えて準備することが大切です。どんなに効率的な方法であっても、はじめの一歩は重く、動き出すまでが最も大変なのです。

抵抗勢力への対応

何か新しいことをやろうとすると必ずと言っていいほど抵抗勢力が存在します。既得権益を守ろうとしたり、単純にタイミングの問題だったり理由はさまざまあるのですが、基本的に保守的な人が抵抗勢力になりがちです。そういう抵抗勢力への対応をここでは考えていきます。

抵抗勢力に対しては、どんなにロジカルに説明しても受け入れてもらえないことがあります。明らかに良いやり方であってもなぜか受け入れないのです。身も蓋もない解消法ですが、そういうときは私はあきらめてしまうことをおすすめします。抵抗勢力への対応は何かとエネルギーを消耗します。同じエネルギーを使うのであればほかのメンバーに丁寧に説明して徐々に変わってもらったほうがスムーズです。また、効果的なところから着手して会社全体を良い方向にリードするほうが全体を見ても効率的でしょう。

また、経験的に抵抗勢力は周囲の反応には敏感であることが多いです。周囲の人が新しいやり方に慣れて効率性を実感しはじめると、自分も遅れまいとしてキャッチアップしてきます。このタイミングまでが難しいですが、そこを乗り越えてしまえば後はオセロがひっくり返っていくかのようにあっという間に変わっていきます。

　なお、抵抗勢力への対処は会社のカルチャーによっても大きく変わります。トップの意思が通りやすく統制が取れている会社であれば、トップを説得できれば一気に進めることができます。欧米の会社ではこの傾向が強く、トップが決めたことの対応が非常に早いと思います。以前アメリカのある会社にどうやってアーキテクチャをドラスティックに変えたのかを聞いたことがありましたが、「そのほうが合理的でそれ以外に選択肢がない」と言っていました。抵抗勢力にはどう対処するのか聞きましたが、「ただ、やるように指示するだけ」と言っていました。日本だとそこまで強力にリードできるトップはあまりいないですし、カルチャーの違いを感じます。

　日本のエンタープライズ企業の場合、規模も大きく責任範囲があいまいで、動きが非常に重く遅い問題があります。また、トップも5年以内の比較的短期間で変わっていくため、抵抗勢力が長期戦を決め込んで粘ると物事が進まなくなる可能性もあります。そうならないようにするためにも、タイミングを見てスピード感のある変更が必要です。抵抗勢力を攻略するのにエネルギーを使いすぎるのは得策ではありません。全体を見て効率的に進められる部分に対して集中するほうが日本的な企業向きの対処であると言えます。

8 章

スピードを支える
ツール環境を準備する

ツールには OSS を選択する

単純に安い

　クラウド構築を自動化しようと思うと、さまざまなツールが必要になり
ますが、それらのツールには OSS を選択することをおすすめします。一
番の理由はコストが安いからです。商用製品（プロプライエタリソフトウェ
ア）のほうが高機能な場合もありますが、実際に自分たちの現場で使いや
すいかどうかは、使ってみなければわかりません。

◎ OSS と商用製品の採用に至るまでの違い

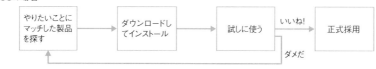

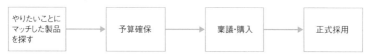

　OSS の最大の利点は使ってみてダメなら別のものへの乗り換えが容易
な点です。商用製品の場合、製品を購入する必要があるので、予算を確保
して稟議などの手続きを行って購入する必要があります。これらのプロセ
ス自体かなり手間と時間がかかります。さらに、せっかく購入した製品が
いまいちだと感じたり、もっといい製品が出てきたとしても実際には使い
捨ては難しいので我慢して使いつづけなければなりません。もちろん商用

製品にも評価版や無料お試しが可能なものも多いですが、評価時点ですべてを確認するのは難しいと思います。

また、図のような評価から採用の流れはどちらがアジャイルっぽい思想で行っているかといえば、OSSのほうであることは自明でしょう。アジャイルは短いサイクルで進めていきますが、それは間違ったときの手戻りを少なくするためでもあります。商用製品の場合、どうしても手戻りが大きく、短いサイクルで評価から採用のプロセスを繰り返すのには向きません。

満点を取れるツールは存在しない

経験的に言えることですが、広く一般的に使われている自動化ツールに完璧なものはありません。いろいろ調べてみても、ここは使えるけど余分なものもあるし、どう頑張っても足らないものがある、というのが実態です。

◎ツールでカバーできる範囲とその変化

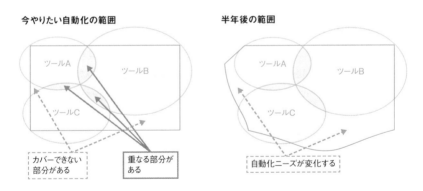

図の左側に示すように、複数のツールを組み合わせても空白となる部分（ツールではカバーできない部分）が存在します。この空白に対する選択肢は、スクラッチ開発するか、導入済みのツールをカスタマイズするか、あきらめるか、さらに別のツールを組み合わせるか、のいずれかになります。

スクラッチ開発すると負荷がかかるのでできるだけやりたくないでしょうし、ツールをカスタマイズするのも良い選択肢ではないでしょう。導入しているツールが OSS ならカスタマイズは可能ですが、バージョンアップなどがしにくくなります。あきらめるという選択肢もありますが、あきらめた部分は自動化できなくなるので、そこが致命的にならないかは考える必要があります。一番有力なのが別のツールを使うというパターンですが、これも万能ではなく、ツール同士の重なりが増えます。重なるとどちらを使うか、という問題も出てきます。さらにツールの種類が増えれば増えるほどメンテナンス負荷は上がるので、なんでもかんでも入れるのはよくありません。

さらには、特にクラウド環境の構築においては、自動化のニーズが常に変化します。半年も経つと状況が変わってくるでしょう。図の右側のように、既存のツールでは対処しきれなくなってきます。対処しきれなくなってきたら、さらに追加でツールを導入して時代に追従するしかありません。

また、難しいのが今よりも良いツールが出てくるケースです。新しい分野にうまく適合したものやカバレッジの広いものが出てくることがあります。このようなときには既存のツールとのリプレースが必要になってしまいますが、ある程度作り込んでしまうと移行が大変です。とはいえ、トータルのメリットを判断してスピード感のある対応が必要なので、アジャイルのようなトライアンドエラーを行い、新しいものに価値があるのかを確認していく必要があります。

OSS はカスタマイズが可能

できるだけカスタマイズをしないほうがよいと記載しておきながら矛盾しているのですが、OSS の魅力のひとつはカスタマイズ可能なことです。商用製品の場合、下手にカスタマイズするとサポートされなくなりますが、OSS であればソースコードを読めるので、自分でカスタマイズが可能です。

ただし、カスタマイズするときには注意点があります。OSS 自体には

カスタマイズを行わないようにします。

◎極力プラグインとデータに対してカスタマイズする

　OSS の製品にもよりますが、プラグインが提供されているものもあります。OSS 製品のルールに従って追加プログラムを配置するとうまく連携してくれるものです。基本的に本体とは疎結合になるように実装されているので、プラグインを入れることで必要な機能を追加することが可能です。また、どうしてもプラグインがなければ、プラグインを自作する選択肢もあります。なお、あまりにもプラグインを追加するとバージョンアップが辛くなるので、基本的には少ないほうがよいのは言うまでもありません。

　もうひとつカスタマイズしやすいのはデータの部分です。データをカスタマイズするといっても、アプリケーションの機能や動作が変わるわけではありません。OSS の場合動作がおかしくならないようにうまくデータを入れることによって合理的に使うことが可能です。詳細は次項で解説しますが、ツールを使うときにユーザー ID が必要になるのであれば、その ID をインポートしやすくなります。OSS の機能として提供されていれば理想ですが、仮になくてもデータベースに直接入れてしまうことが可能です。また、大量にユーザーを新規で作成するときには、GUI 操作でユーザーを作っていくよりも、CSV などの形式で一気にデータベースに入れたほうが効率的でしょう。その他、メタ情報や、動作のパターンを定義した情報など、データベースを自由に扱いやすいのが OSS の特徴でもあります。

これまで基本的にカスタマイズしないほうがよい、できるだけプラグインも入れないほうがよいと記載してきましたが、ツールに必要な ID の部分は違います。ここは作り込みが必要になったとしても、ID の自動登録をすべきです。

◎ ID の情報を統一管理する

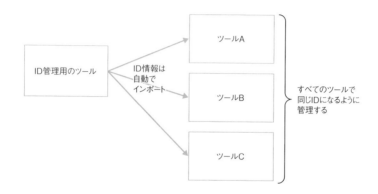

仮にツールが A 〜 C の 3 つあったとします。「南　大輔」という人間が、ツール A では ID が「A123456」、ツール B では「MINAMI」、ツール C では「DAISUKE」だったらどうでしょうか？ 後からトレースすることは困難になりますし、ツール間の連携が難しくなるのは容易に想像できると思います。そうならないように、ルールとして「A123456 のパターンで統一してください」と利用者に言うことは可能です。ただ、その場合でもルールを守ってくれない人がいたり、ツール B だけ「a123456」と小文字で登録してしまうかもしれません。このように、連携と作業のトレーサビリティ確保のために重要な ID は高い精度で管理すべきです。

そのため、ルールでの運用よりも、図に示したように ID 管理用のツー

ルを導入してしまい、そこから同じ形式でIDを作成したほうがよいでしょう。こうすることでデータの品質が確保されますし、利用者から見てもツールごとにIDを設定する必要もなくなり、手間も省けて一石二鳥です。つまり、メリットが大きい部分になるので、IDに関しては多少コストがかかっても仕組みを作ってしまったほうがよいということになります。

　なお、実際にこの考え方で環境を整備しようとすると、どうしても商用製品だと対応が難しく、OSSのほうに軍配が上がると考えています。OSSであればソースコードも読めますし、データベースの定義も確認できるので、どのようにデータをインポートすればうまく動作するかがわかります。そこがわかってしまえば、IDが自動メンテナンスされるように作ることができるので、合理的な環境を手にすることができます。

クラウド構築の自動化に必要なツールと整備の優先順位

CI/CD ツール：Jenkins

まず CI/CD ツールです。なんでもいいとも言えますし好みでもいいと思います。AWS を使うのであれば CodePipeline でもいいでしょう。何を選択するかは難しいところですが、エンタープライズの背景を考えると私は広く使われている Jenkins がベターだと考えています。メリット、デメリットをまとめると次のあたりがポイントになると思います。

- ●メリット
  - ・最もメジャーで情報量が多い
  - ・ほかのツール群との連携も簡単なものが多い
  - ・経験のあるエンジニアを確保しやすい
  - ・クラウドのみでなくオンプレでも共用可能
- ●デメリット
  - ・マネージドではなく OS/ コンテナが必要

最大のメリットは情報量の多さです。インターネットで検索すれば、やりたいと思ったことはたいていだれかがやっているので、先人の知恵を借りるのが容易です。ツール連携も同様で、ほとんどの場合、検索すればだれかが先に試した情報が見つかります。

ちなみに、CodePipeline も便利だとは思いますが、それはすべての環境を AWS で固める場合です。エンタープライズでもいろいろな会社があるので、そういう方針で進めるのであれば、CodePipeline のほうが良い選択になるかもしれません。

構成管理ツール：Ansible

構成管理ツールにはいろいろな製品がありますが、一般的に選択肢になるのは Ansible、Chef、Puppet だと思います。かなり機能が重複する部分があるので、はじめはどれか1つを選択すればいいと思います。正直なところ、これらのツールでこれが一番良いという決定打がまだない状況なので、自分たちが扱いやすいと思うものを使ったほうがよいでしょう。重要なのは悩むよりもまずは使ってみて、前に進むことだと思います。

個人的には設定を記載するのに YAML を用いる Ansible が、AWS を使っていく上で必要になる CloudFormation にも応用できるので、エンジニアスキルの観点から優位性があると思っています。ただ、Chef も有力な選択になると思います。特に AWS 環境では Chef がマネージドで提供される OpsWorks もありますし、扱いやすいと思います。

リポジトリ管理ツール：GitHub/GitLab

リポジトリ管理ツールは、現在主流なのが GitHub でしょう。アカウントを使えば簡単に利用できますし、情報量の多さから考えても一番有力だと思います。なお、エンタープライズで利用する場合にはインターネットアクセスが制限される場面もあるので、社内に環境を作ってしまったほうがよいでしょう。

GitHub の場合は Enterprise 版を使うことになると思いますが、サブスクリプションの管理が手間なので、GitLab でも十分選択肢になると思います。GitLab を使っていても特に不満を感じる部分はないので、オススメできると思います。

情報共有ツール：Redmine

　Redmine はプロジェクト管理のためのツールですが、私はタスクやスケジュールの管理には使っていません。主に情報共有をメインで考えていて、割り切った使い方をしています。理由は、個人的な感覚ですが、タスク・スケジュール管理ツールとしてはそこまで使いやすくないからです。スケジュールの組み換えや変更の管理が簡単でないためです。

　チケット管理や Wiki であれば GitLab でも対応できるのですが、Redmine のほうが古くから導入していたのでそのまま使っています。もともとソース管理していた Subversion もあったので利用しているというのが実際のところです。

　ちなみに、Redmine はプラグインも豊富なので、カンバン機能を使ってバックログ管理することも可能です。最近は大きな機能追加もないので、特に不満がなければ使いつづけられると思います。

優先順位

　実際にこれらのツールをどのように整備していくかですが、まったく環境がなく、経験もなく、これから新たにチャレンジしていきたいという場合は、次の優先順位でオススメします。

① **情報共有ツール：Redmine**
② **リポジトリ管理ツール：GitHub/GitLab**
③ **構成管理ツール：Ansible**
④ **CI/CD ツール：Jenkins**

　一番最初に導入すべきツールは情報共有のためのツールです。いろいろな検討や調査を行いながら仕事をしていくと思いますが、それらの情報は

必ず残すべきです。残しておくことでそれ以降の再調査や確認の手間を大幅に効率化できます。これは、何もDevOpsやアジャイルが対象というわけではなく、すべての仕事においても共通して言えることだと思います。後続で、GitHub/GitLab、Ansible、Jenkinsなどを導入していく上でも、それらの情報を残すことが可能になります。どのバージョンをダウンロードしたのか、インストールでつまずいたらその情報を残すことも可能です。そうやって情報を残しながらツールを整備していくことは、OSSの製品を扱う上でも非常に重要なことです。

　次に整備すべきはリポジトリ管理のためのツールです。環境の自動構築は作業をスクリプト化することと同義なので、加速度的にスクリプト（ソースコード）が増えていきます。それらのソースコードは自動化の核になる部分なので厳密に管理する必要があります。特にアプリケーション開発経験のないインフラエンジニアは、ソースコードをファイルサーバーに置いたりすることがありますが、このような管理はもってのほかです。環境に対してどのバージョンのスクリプトが配置され、実行されたか厳密に管理しないと、自分たちの仕事に自信が持てなくなりますし、デグレーションのトラブルも発生することになり、無駄な仕事が増えてしまいます。そうならないように、今後作っていくであろうスクリプトを確実に管理できる場所を先に整備すべきです。

　その次に整備するのは構成管理ツールがよいと思います。CI/CDツールを先に整備する余裕があればそれでもよいと思いますが、構成管理ツールを先にしたほうが、日々の作業を少しずつ改善してメリットをすばやく享受できるので、そちらのほうがいいと思います。Ansibleで少しずつ自動化し、日々の作業を楽にしながら、ある程度まとまってきたところで、それをジョブ化して一気に流せるようにしていきます。そのタイミングでCI/CDのパイプラインが必要になるので、そこでCI/CDツールを整備するとよいでしょう。

エンタープライズの環境で
必要になるツール

承認機能のあるデプロイツール

　エンタープライズ環境において、開発と運用の分離は必須要件です。社会的責任を負うために本番環境は厳密に管理し、守る必要があります。エンジニアは本番環境にアクセスできるルートもありますので、何か事件が発生したときには疑われる可能性があります。何か問題があったとしてもシステムとしては間違いなくコントロールできていることを証明する必要があり、それができなければ仲間を守ることはできません。そのためにはどういう要件が必要かをここではまとめます。

　本番環境を自由に変更できるという状況があると、不正操作の隙を作ることになります（セキュリティだけでなく、会計報告の改ざんにつながることもあり厳しく管理されます）。デプロイツールの前に開発と運用の分離方法について解説します。

◎多くの会社では本番環境にアクセスするための専用の部屋を確保している

　まず、本番環境は外部から物理的にも論理的にも遮断されている必要があります。とはいえ、まったくアクセスできないと何もできなくなってしまうので、本番環境が設置されるデータセンターにアクセス可能な高セ

キュリティエリアが必要になります。このエリアには無許可で入ることができないこと、データの持ち込み・持ち出しができないことが必須要件です。

多くの場合、物理的に別の部屋として隔離し、入室には厳しいルールが課せられます。さらに高セキュリティエリア内の作業はすべてログとして残され監視される必要があります。監視カメラを設置しているケースも多いでしょう。高セキュリティエリアから不正をはたらくことを徹底的に排除します。いくらデータの持ち込みを防いで改ざんできなくしても、高セキュリティエリアの中で不正をはたらける状況では意味がないからです。

承認フローを設ける

このように、本番環境へのアクセスを厳しく制限して、簡単にスクリプトを持ち込むことができないようにします。簡単に持ち込める状況にしてしまうと、万が一のときには持ち込めるメンバーにも疑念がかかります。そのため、スクリプトをデプロイするには、厳密な管理と承認フローが必要になります。

◎スクリプトをデプロイするための承認フロー

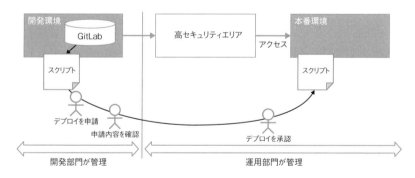

開発者が完成したスクリプトをデプロイするときには、デプロイツールを使い、対象となるスクリプトと申請者、デプロイ日時を指定してデプロイ準備を行います。開発部門ではその内容が正しいかを確認します。さら

に、その内容を運用部門に引き渡し、運用部門の承認をもってデプロイします。この一連の流れ（申請→確認→承認）が重要で、この流れを通さずに本番環境へのデプロイはできません。

　自動化しようとしたときの最大の課題は、このフローによる連携です。CI/CD の"D"（デリバリ）の部分が連続して行えないという問題が生じます。承認のためのフローは人手を介すことになるので、スピードの観点からすると自動化が分断され非効率ですが、必要なオペレーションになるので受け入れる前提で設計していく必要があります。

　重要なのは「確実に意図したバージョンのスクリプトがリリースされるか」ですので、リポジトリ管理ツールとの連携も必要です。リポジトリ管理ツールで管理しているリリースバージョンのスクリプトを、途中で変更される要素を排除した形で設計できれば、安全にデプロイすることができるということになります。そのため、エンタープライズ環境において、一般的な CI/CD ツールだけでは不足していて、このような安全に分離され、かつシームレスな連携の仕組みが必要になります。

自動構築ステータス確認ツール

　本番環境は分離されていますので簡単にアクセスできません。自動構築用のスクリプトはデプロイツールを整備することで、本番環境に持っていくことが可能になります。そのスクリプトの実行にはジョブを起動する仕組みが必要です。

◎デプロイしたスクリプトをどのように起動するか

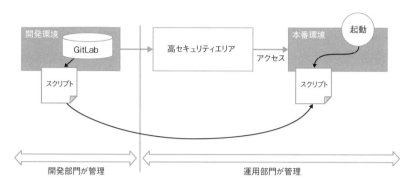

　ジョブの起動には大きく分けて 2 通りの考え方があります。ひとつはデプロイの一連の流れで実行してしまうものです。ファイルがデプロイされたことを起動用の仕組みに通知して実行します。もうひとつはデプロイと起動は疎結合にして、起動は別の仕組みとして準備する方法です。開発と運用が分離されているエンタープライズ環境であれば、運用していくために何らかのジョブ起動の仕組みがあると思います。そのため、運用をシンプルにするには既存の仕組みがあればそれを利用しましょう。

　なお、個人的には後者のほうがコントロールしやすいので扱いやすいと思います。CI/CD の考え方でいくと前者のほうが合理的なのですが、実際に運用してみると、前者だけではコントロールが難しい場面も登場します。後者のほうは、デプロイと起動で二重にワークフローを回すというデメリットがありますが、起動タイミングがコントロールできますので、ほかのデプロイ計画と合わせることができたり、複雑な運用がしやすくなります。また、何か問題が発生したときのリランが容易というメリットもあります。

　さて、スクリプトがデプロイできて、その起動もできるのであれば、その次に必要になるのはその確認です。システムの環境を作るのであればさまざまなスクリプトを連続して実行するはずですが、それらがどこまで実

行されて、成功しているのか、失敗しているのかを把握する必要があります。いちいち高セキュリティエリアから本番環境に入ってログを確認する運用は現実的ではありません。本番環境のログを確認するツールがあればそれに連携することも可能だと思いますし、連続的な実行を画面で確認したければ、ステータスが表示されるように作る必要があります。また、その状態がエビデンスとして残るようにしておいたほうが効率的です。

　この仕組みを作るときにも目的を見失わないようにすべきです。自分たちの作業を効率的にするのが目的なので、凝った作りにする必要はありません。

性能情報確認のツール

　エンタープライズのシステムであれば、月次など一定の期間で性能評価を行うと思います。クラウドからも機能として提供されることがあると思います。AWS で RDS を使うときに Performance Insights を使うこともあるでしょう。そのようなツールが効率的に使えるように準備するのも重要です。性能を確認したいからマネジメントコンソールにアクセスして Performance Insights を見ればいいか、といえばそうでもないからです。

　すでに記載したように開発と運用が分離されていますので、本番環境のマネジメントコンソールにアクセスするには権限の設計と確認が必要です。また、エンタープライズ環境において、本番環境からのデータ取得は簡単ではありません。データの取得になるのでデータの改ざんはありませんが、データ漏えいの問題があるからです。

◎**性能情報を取得する2つのパターン**

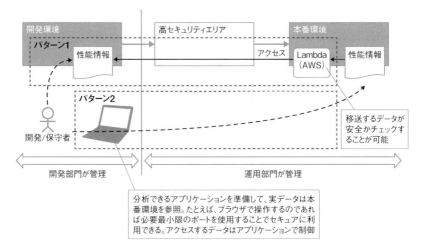

運用していく上で性能の情報は必要です。つまり、必要なデータなのであれば、簡単かつ安全に取得できる必要があります。パターンとしては大きく2つが考えられます。

ひとつは実際にデータを本番環境から取得する方法です。データを取得するということは、そのデータが性能に関するものだけである必要が出てきます。万が一にも関係のないデータまで取得できるのであれば情報漏えいしてしまいます。安全にデータを移送するには、昔ながらの方法ですが中継サーバーを立てるパターンとサーバーレスでの実装パターンが考えられます。個人的には運用性を考えると後者のほうがオススメです。性能情報は全システムに提供すべき機能ですので、システムが増えるたびに対応しなければなりません。中継サーバーの場合、対応の煩雑さやシステムが増加したときのスケールが課題になります。そのため、AWSであればLambdaを利用するのがよいでしょう。ある領域にデータが入ったらそれをトリガーに移送することが可能です。サーバーレスで実装するほうがデータをリアルタイムに移送できる、というメリットもあります。

もうひとつの方法は、本番環境からデータを送らない方法になります。

本番環境の然るべき場所だけにアクセスできるように設計して、性能情報だけを参照できるようにします。アプリケーションや BI ツールなどの何らかのインターフェースが必要になるので、若干手間はかかりますが、データを持ち出さないのでセキュリティ的なコントロールはしやすくなります。また、移送していないのでデータのタイムラグも発生しません。同じようなアプローチとして、ユーザーと権限を整理することでマネジメントコンソールの一部だけを利用することもできます。これも位置づけとしてはインターフェースの構築になります。

　このように、目的に応じてやり方はいろいろありますので、実際にどのように実装すると扱いやすいかをよく考えて行ってみてください。

9 章

クラウド利用での
セキュリティ設計

オンプレとクラウドとの違い

クラウドとホスティングとオンプレの違い

エンタープライズ系の会社は、これまで自社のデータセンターを確保してオンプレ環境として運用してきたケースが多いと思います。データセンター一棟ごと所有するケースはあまりないと思いますが、一部スペースを専用のファシリティとして借りて、他社とは物理的にも切り離された空間として確保することは多いと思います。サーバールームに入るセキュリティルールも自分たちで決められますし、ファシリティも準備するケースです。最近だとほとんどがIDカード＋生体認証のような二重の認証にすると思いますが、そういう仕組みから作っていくのがオンプレ環境になります。もちろん自由にセキュリティ設計できますので、安心感は非常に高いです。

クラウドが利用される前にもサーバーを間借りすることは多くありました。一般的にホスティングやレンタルサーバと呼ばれる形態です。これらの形態はホスティング業者が用意したサーバーを一部だけ利用します。サーバーの一部だけの利用になりますので、データセンターへの入出などは自社でコントロールできません。ホスティング業者が定めたセキュリティに準ずることになります。

◎ホスティングとクラウドの違い

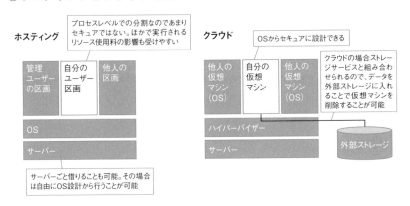

利用形態と料金体系の違い

　10年以上前は個人的にもホスティングサービスを利用していましたが、"それなりに"便利でした。いろいろな形態がありますが、私が利用していたのはサーバーのOSユーザーが切り出されるものです。当時はまだ仮想化技術が一般的ではなかったので、ホスティング業者に依頼するとOSのユーザーが作成されて、ディレクトリなどの環境がセットされて提供されました。権限もOSユーザーレベルで制御されて、実行できることとできないことがコントロールされていました。こういう形態のほかに、サーバー1台まるごと借りることや、サーバーラックごと借りることもできました。

　当時の料金体系は、ほとんどが1ヵ月固定料金でフレキシブルに使うことはできませんでした。OSユーザーで分離されているのでサーバーは固定費としてかかりますし、ユーザーの追加削除が簡単にできなかったのでどうしてもそういうビジネスモデルになります。

　クラウド時代になると仮想マシンが導入されてOSを占有できるようになりました。料金も、クラウドは仮想マシンでコントロールされるので、仮想マシンの起動している時間だけに課金されるのが一般的です。これらのコントロールがコマンド（API含む）でできるようになったのは大き

いと思います。そのため、ホスティングに比べ、クラウドは圧倒的に便利
になったと言えます。

セキュリティの違い

　セキュリティの観点からするとホスティングとクラウドでは違いがある
のでしょうか。少なくともクラウド業者、ホスティング業者に委託してい
るという観点からすれば、任せている以上一定のリスクがあります。クラ
ウド業者にしろホスティング業者にしろ、その業者が信用できるかがポイ
ントになってきます。

　一方で、テクニカル的な面では少し差があります。ホスティングで OS
ユーザーを切り出す場合はどうしてもセキュアとは言えません。一般的に
エンタープライズ系の企業がこのようなレンタルサーバーを選択すること
はないと思いますが、もし選択するのであればクラウドを利用したほうが
安全でしょう。使い方にもよりますが、コストもクラウドのほうが安くな
ると思います。

　サーバーをまるごと占有して自分で設計するパターンであれば、ある程
度セキュアに環境を構築できます。そのサーバーまでのネットワークも専
用線を引く、といった選択もできますので外部へのネットワーク的な接点
もコントロールできます。もちろん、物理的なサーバー周辺への立ち入り
などはホスティング業者に任せることになるので、そこは業者を信用する
ことになります。

　対してこれと比較したクラウドの場合は、ネットワーク共有するのが一
般的です。一部クラウド業者では物理的にサーバーを占有してネットワー
クも自由に組めるものもありますが、これは旧来型のホスティングに極め
て近い形態になりますので、クラウドと名付けられてはいますが、実態と
してはホスティングと私は分類しています。

　ポイントとしては、サーバーとネットワークを論理的に分離することに
対しての評価だと思います。物理的に分割できていないのでセキュアでは
ないと評価するのか、現在は技術が進歩したので論理的な分割でも十分に

セキュアであると評価するか、の違いです。

◎サーバーを占有するホスティングとクラウドの違い

	ホスティング (サーバー占有の場合)	クラウド
サーバー	占有	仮想マシンによる切り出し
OS	占有	占有
ネットワーク	ネットワーク機器を自由に選択可能	共有ネットワークを論理分割

　現在では論理分割の仕組みがしっかりしてきたので十分に安全と言えると思います。ただ、そこの判断が議論する上でポイントであることは間違いないでしょう。次のインターネットとの接続でさらに詳しく解説します。

クラウドはインターネットとの接続が前提

　もうひとつオンプレ・ホスティングとクラウドの大きな違いはインターネットへの接続です。基本的にクラウドの環境はインターネットへの接続が前提で考えられています。最近ではクローズドな環境で使えるクラウドサービスも増えてきましたが、コンソールのアクセスやAPI操作などインターネットへ接続しなければ使えないものもたくさんあります。

　エンタープライズのシステムがインターネットに公開されることなどあってはならないので、公開されてしまうルートをすべて遮断していく必要がありますが、クラウドではオンプレのように物理的にルートを分断することはできません。論理的な設定による遮断となります。セキュリティ上、一番問題になるのがこの部分です。設定で遮断ということは、裏を返せば設定で公開することが可能です。オンプレやホスティングの場合は物理的に回線を繋げなければ公開されることはありませんので、その差が決定的に違います。物理的に繋げないというのはだれにでもわかりやすく、ミスで繋げてしまうということもそうそうありませんが、クラウドはそういう

わかりやすい対応が取れないのです。

　このため、クラウドの環境を構築しようと思ったときには外部公開にならないかを厳重に確認する必要があります。クラウドからの情報漏えいの事例はたくさんありますが、多くが設定ミスによるものです。設定が正しい状況で、クラウド業者が管理するハードウェアやソフトウェアなどの脆弱性を突いて漏えいするということはほとんどありません[※1]。そのため、クラウド利用でセキュリティを確保するには設定ミスが起きないように設計することが重要です。

管理機能もインターネットに依存

　クラウドはインターネットへの接続が前提になっていますので、管理用機能へのアクセスもインターネット経由が前提になります。たとえば、AWSの場合、マネジメントコンソールにアクセスしますが、このアクセスはインターネット経由です。乗っ取られると大変なことになりますので、パスワードを厳重に管理するだけでなく、多要素認証（MFA）の設定も入れて管理します。ただ、仮にMFAの設定をしていたとしても、管理者はMFAデバイスを使えば自宅からもアクセスすることが可能です。もし自宅のパソコンがウイルスに感染していたら乗っ取られる可能性もあるでしょう。そのため、管理者用のアカウント操作は特に厳重に設計する必要があります。ルートユーザーのMFAデバイスについては社内の安全な場所で管理する必要があります。

　なお、このような失敗体験や反省はインターネット上で調べることも可能ですが、よりおすすめできるのがユーザー会などへの参加です。これまでいろいろな企業のユーザー会に参加しましたが、クラウド関連のユー

※1　騒ぎになったのはCPUの脆弱性を突いた、メルトダウン、スペクターのときくらいだと思います

ザー会もあります。AWSにはゲスト向けのユーザー会であるJAWS-UG
（AWS User Group - Japan）のほかに、エンタープライズ系企業の関係者
だけが参加できるE-JAWSもあります。エンタープライズならではの難
しさや経験談を共有することもできますので、積極的に参加して情報収集
し、どのようにセキュアに利用するかを学んだほうがいいと思います。

増加しつづけるサービスのセキュリティ対応は クラウドならでは

　クラウドの世界では新しいサービスが常に追加されていきます。実際の
ところどんなに勉強したところで追いついていけないと感じます。また、
年々サービスの幅が広がっているので全方位的に学ぶのは非常に困難です。
追加されるサービスの名前すら覚えられないのに、そのサービスの機能や
動作を理解し、さらにセキュリティまで考えるというのは現実的に不可能
です。

　ただ、不可能だと思っていても社内でクラウドが利用されはじめると、
ある日突然よく知らないサービスを使いたいというリクエストを受けるこ
とになります。「こんなサービスが展開されているので使ってもいいです
か？」と聞かれますが、「そもそもそれって何ですか？」という状態も多
くあり、困ります。ただ、エンタープライズ系の企業でクラウド利用が進
むとそういう状況になるということは認識しておく必要があります。

　問題なのは、セキュリティの観点からするとエンタープライズ系企業に
向かない機能も多いことです。システムが扱う情報にもよりますが、明ら
かにセキュリティ上リスクが高いサービスについては許可しないこともあ
ります。ただ、その判断は簡単ではありませんし、クラウドサービスの仕
様を見切る必要もあります。重要なのは、そういうニーズが増えることを
想定した組織作りと、ニーズが発生したときに効率的に判断する枠組みが
必要ということです。判断の枠組みについては9-3節の「AWSでのセキュ
リティの整理」（P.247）で解説していきます。

だれをどこまで信用するか

大規模に使う場合は顔が見えなくなる？

　組織が大きくなって一番困るのは知らない人が増えることかもしれません。開発者が100人くらいであればお互いにわかると思いますが、1000人以上になるともはや顔と名前が一致しなくなります。ましてやエンタープライズの企業であれば多くのビジネスパートナーと仕事をすることでしょう。プロジェクトが立ち上がって新たに参加した人はプロジェクトの終了とともに離れていくと思います。出入りも多いので、一定の規模を超えると常に知らない人と接している感覚になります。

　そうなると、心理的にセキュリティに対して安心を得られなくなります。見知った顔の人が相手であれば、「この人なら理解しているのでうまく使えるはず」とわかるのですが、知らない相手だとどのように環境を使うかがわかりません。わからないとなると、どのように使われても問題ないように対策する必要があります。これがオンプレであれば、物理的に外部に繋げないという選択がとれるので、どう使われても問題はないのですが、クラウドの場合はインターネットに簡単につながるので、スキルがない人が設定ミスしても大丈夫なようにする必要があります。組織が大きくなるとこの部分が重荷になってきます。

多層防御の目的

　セキュリティの基本的な考え方に多層防御があります。多段でガードをかけることによって1段目が突破されてもガードがかかっている状態にします。多層防御は基本的にミスを防ぐためのものです。AWSのS3を例に、

具体的に多層防御を考えてみましょう。

　S3 はパブリック設定を入れることによって簡単に外部公開ができてしまいます。エンタープライズ系の企業が外部公開しないでデータを扱うには、この設定を厳密に行う必要があります。S3 の外部公開を防ぐ機能として「ブロックパブリックアクセス」という機能が2018 年に追加されました。

◎ブロックパブリックアクセスの設定画面

　チェックボックスを入れるだけで外部公開を防ぐことができます。重要な機能なのでここは設定しておく必要があります。なお、アカウント単位で操作できますので、そのアカウントが所有するバケット（データを格納する器）にはすべて有効になります。ちなみに、この機能が登場するまではかなり複雑な管理が必要でした。ACL（Access Control List。アクセス可否の設定）はバケットごとに行えますが、バケットに外部公開不可のACL 設定を入れても、入れるオブジェクト（データ）の ACL 設定を公開にすると外部公開できてしまいました。OS のディレクトリ設定と感覚が違うので難しいところです。

　さて、このブロックパブリックアクセスは強力ですが、防御の構えとしては1 段だけになります。もしこのチェックボックスの設定を誤って変え

てしまうと公開される危険性があります。そのため、多層防御にはもう1段の設計が必要です。もうひとつの防御として有効なのはS3バケットに対してSSE-KMSでデフォルト暗号化を入れるやり方です。これを設定しておくことで、仮にバケットが外部公開されたとしてもデータ自体が暗号化されているために守ることが可能です。

◎ **S3 を例にした多層防御**

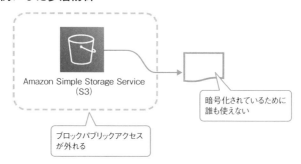

Amazon Simple Storage Service
(S3)

暗号化されているために
誰も使えない

ブロックパブリックアクセス
が外れる

　重要なのはこのように一部の設定が何らかの理由で外れてしまったとしても、別の仕組みを組み合わせることで守ることができるようにしておくことです。今回の例はS3での多層防御になりますが、ほかのサービスについても同様の検討をしていく必要があります。

検知と停止の考え方

　仮に多層防御の仕組みを作ったとしても、何かのミスでそのガードが外れたり、防御が破られたことがわからないと意味がありません。そこで多層防御とあわせて検知する仕組みが必要になります。また、速やかに監視の仕組みに通知して対応しなければなりません。エンタープライズの環境では開発と運用の分離が必要なので、何らかの監視の仕組みを運用部門が持っているはずです。その監視の仕組みに通知して、オペレーターに知らせます。

◎検知から通知までの流れ

　図は概念的なものですが、オペレーターはメッセージを検知すると通常のトラブル対応と同じように対処する必要があります。1点違うのは、普通のトラブル対応以上に急ぐ必要がある、ということです。セキュリティトラブルの場合、データが外部に漏えいしている可能性もあるので早急な対応が必要です。普通のトラブル対応は定められた SLA に従い、目標復旧時間までに回復すれば問題ありませんが、セキュリティトラブルはトラブルの性質上、問題を解消しない限り被害が拡大しつづける可能性があるのでなるべく早く対応することが求められます。

　具体的には自分たちのオペレーションフローを検証することをおすすめしますが、一般的には以下のような流れになると思います。

① オペレーターがメッセージを検知
② メッセージを特定して運用受け入れしている手順を確認
③ 手順どおりの対応が可能であれば実行、不可能であれば対応できる人に電話などで通知（エスカレーション）

　ただ実態として、検知してからオペレーターが対応するとどうしても遅くなります。仮に手順どおりで対応できたとしても、メッセージを見てから対応が完了するまでに 30 分はかかるのではないでしょうか。自社で複数のトラブルが発生していればもっと対応は遅くなるでしょう。そのため、30 分で対応できるというのはかなり楽観的なシナリオで、実際には 1 時

間以上かかることも多いと思います。つまり、それだけ情報漏えいが継続してしまう可能性があるということになります。

　そこで必要になってくるのは**停止**という考え方です。セキュリティトラブルが発生したときに、漏えい箇所を特定して即座に塞ぐという対策は非現実的です。クラウドのセキュリティは組み合わせで構築されているケースもありますし、複雑に絡み合った設計を瞬時に判別できません。場合によってはミスして二次災害になるリスクもあります。そのため、原因がわからずとも問題が発生した場合にはサービスを停止してしまうのがよいでしょう。

　停止のシナリオはクラウドのサービスによって異なります。AWSの場合、データベースであればインスタンスを停止することでアクセスできなくなります。そのため、一次対処としてはインスタンスの停止を行い、後続の対応を考えます。ただ、そもそも想定外に設定を変更されたのであれば、管理系操作を乗っ取られた可能性もあるので、停止したはずのインスタンスを再度起動されるかもしれません。対処が十分かどうかは想定するリスクシナリオによって変わりますので、自社で行なっている操作や運用をよく考慮すべきです。

　もうひとつ例を挙げましょう。AWSでよく使われるS3もデータが大量にあります。S3の場合、データベースのようにインスタンスが起動しているわけではないので、別の方法で検討する必要があります。対応方法としてはいくつかあると思いますが、最も簡単なのは多層防御の項でも取り上げたKMSで暗号化しておいて、それを無効化にする方法です。無効化することによってS3バケットにアクセスできなくなってしまいますが、データの漏えいを防ぐことは可能です。もちろん、S3への全面的なアクセス停止はシステムの全停止とほぼ同じくらいの影響があるので判断は難しいところですが、データは非常に重要なものなので、自社のシステムを停止してでも守る必要があります。

内部犯行への考え方

さて、最後に難しい問題について考えてみます。多層防御の基本的なコンセプトは設定ミスしたときのガードですが、そもそも2段階のガードをかける側に悪い人が紛れ込むと簡単に突破されてしまいます。つまり、「内部犯行をどこまで考えるか」になりますが、内部犯行まで考慮するとなるとシステムの設計は極端に難しくなり、運用も複雑になります。

論理的には多層防御が実現できていれば、それぞれのガードを別の人の管理にすることで内部犯行にも対応できます。

◎多層防御を利用した内部犯行のガード

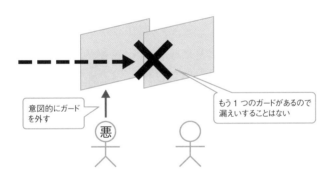

意図的にガードを外す

悪

もう1つのガードがあるので漏えいすることはない

もっとも、別の人に管理を分離したとしても、その人たちが結託して悪さをしたら防ぎようがありません。ただ、そこまで考えると際限がなくなるので、内部犯行は一人で行うという前提にした整理になります。

論理的にはこのような整理で分離が可能になるのですが、実際の組織に当てはめようとすると難しくなります。エンタープライズ系の企業であれば仕事は人で行わず組織で行います。つまり、同じ部署で人だけ分ければよいという問題ではなく、部署で分けなければなりません。同じ部署内で多層防御をしても牽制が効きにくいというのもあります。ただ、それはク

ラウドに知識のある部署が独立して２つ存在しなければならないことを意味して、そのような体制を組めるのか、というのが問題になります。実態としてそこまでクラウドのエンジニアは潤沢にいませんし、維持するのはかなり難しいでしょう。

　そこでひとつの手として考えられるのが開発と運用の分離を活用する方法です。内部統制で開発部門と運用部門がすでに分かれているのであれば、その組織をそのまま活用します。ただ、それでも問題は残っています。それは、開発部門と運用部門のスキルの差です。基本的に運用部門は設計や構築を行わないので、スキルを溜めるのが難しい部署です。そこに対して重要なガードのタスクを振るのは多少無理があります。そのため、多層防御の仕組みを作るところまでは開発部門と運用部門が共同で行い、１層のガードをリリース時点で運用部門に引き継ぐ必要があります。

　このような整理が必要になるのですが、クラウドを扱っていく上で難しいのはこの整理をサービスごとに行っていく必要がある点です。AWS のサービスでもインターネットに直結しやすいものが多々あります。S3 もそうですし、連携サービスの SQS、SNS、API Gateway、Kinesis なども該当します。ほかにもインターネットに直結するサービスはたくさんありますし、毎年膨大な数のサービスが生まれつづけているので、際限がありません。そういった難しさを抱えながらも、エンタープライズとして利用するサービスはしっかりと考えて制御することが求められます。

AWS でのセキュリティの整理

プライベートな区画としての分割

これ以降のセキュリティのテーマは AWS をベースに記載していきますので、AWS の用語やサービスで解説していきます。適宜補足しますが、詳細は AWS のマニュアルを確認するようにお願いします。

AWS においてセキュリティを最も整理しやすい方法として VPC（Amazon Virtual Private Cloud）での分割があります。主に EC2 をはじめとする仮想マシンの提供のときに利用します。仮想マシンが OS として起動するときにはネットワークサブネットの設定が必要になりますが、この考え方はオンプレと同じであり整理がしやすいと思います。オンプレでも ACL をルーターに設定してネットワークレベルで制御すると思いますが、その考え方がそのまま利用できます[2]。

さらに AWS 環境ではセキュリティグループを設定することができます。セキュリティグループはインスタンスの仮想的なファイアウォールです。簡単に表現すると、EC2 ごとの設定をグルーピングしてコントロールできるものになります。たとえば、Web/AP サーバーであれば、Web/AP サーバーが利用するプロトコルだけが通信できるようなセキュリティグループを作成し、それを仮想マシンに適用していきます。そうすることによって、すべての Web/AP サーバーに対して同じセキュリティ設定をすることが可能になります。

ここで、AZ、VPC、サブネット、セキュリティグループの関係を図示します。

※2 AWS の場合ネットワーク ACL と記載され、NACL と略されることもあります。

◎ AWS のセキュリティの仕組み

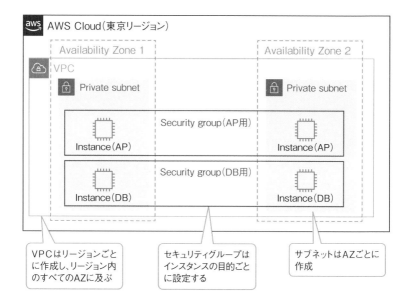

ポイントは、サブネットは VPC 単位で分かれてしまうので、マルチAZ 構成にするときにはそこを意識しないようにしつつ、うまくセキュリティグループを組み合わせる必要があるという部分になります。

さて、AWS の基本的なサービスである EC2 や RDS はこのような VPCの設計でセキュアに利用することができるようになります。つまり、VPCを利用してプライベートな区画を安全に利用できる設計を一度してしまえば、それ以降はあまり神経質にならずに済みます。そのため、セキュリティの観点で整理するときには VPC の中に配置できるサービスなのか、そうでないのかを先に確認すると整理しやすくなるでしょう。VPC の中に配置できるのであれば、同じ設計方針が適用できるからです。

なお、EC2 は VPC の中に配置できるので完全に安全かというとそういうこともありません。抜け道はあります。たとえば EC2 のバックアップ

をスナップショットで取得するときには AMI や EBS スナップショット
として保管しますが、その保管先がセキュアでなければ外部漏えいしてし
まいます。EC2 がインスタンスとして存在している場合にはセキュアで
すが、バックアップなどの運用まで含めて考えて安全かというとそうでも
ないケースがありますので、実際のシステムの構成と組み合わせるサービ
スによって抜け道がないかは確認しながら進める必要があります。

VPC の中に置けないサービス

さて、評価が難しいのが VPC の中に配置できないサービスです。これ
らはプライベートな空間ではないのでより外部にさらされる危険性があり
ます。そのため、一つひとつのサービスごとにガードする方法を IAM で
考えていかなければなりません。

まず、IAM についてですが、AWS では IAM（AWS Identity and
Access Management）という権限管理のサービスがあります。IAM の中
には IAM グループ /IAM ユーザー /IAM ロールというものもありますが、
これらは管理単位になります。ここでは、セキュリティ観点をコントロー
ルする IAM ポリシーの説明をします。

IAM ポリシーの設定

ポリシーにはユーザーベースとリソースベースがあります。ユーザー
ベースのほうは、IAM グループ /IAM ユーザー /IAM ロールのようにユー
ザー（ID）にアタッチして機能されます。リソースベースのほうは AWS
のリソース（サービス）にアタッチします。

◎ユーザーベースポリシーとリソースベースポリシー

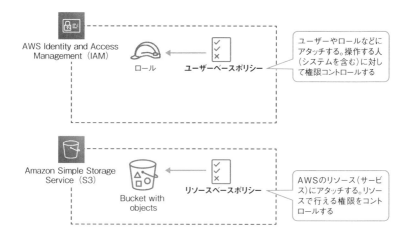

OSやデータベースの権限コントロールは基本的にユーザーベースのも
のが多いので、感覚的にはそのほうがわかりやすいと思いますが、AWS
ではリソースベースという概念があるので、そこを理解しておく必要があ
ります。

　次にユーザーベースのポリシーについて深堀します。ユーザーベースポ
リシーには「AWS管理ポリシー」「カスタマー管理ポリシー」「インライ
ンポリシー」の3種類があります。自分で制御する場合は基本的にカスタ
マー管理ポリシーを使うことになりますので、カスタマー管理ポリシーを
解説していきます。ポリシーの記載方法は図のように分類されます。

◎ポリシーの記載イメージ（マニュアルより引用）

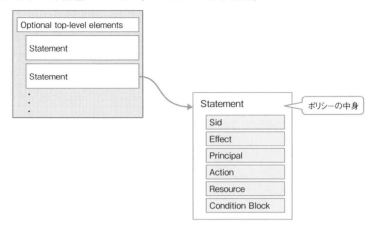

※引用先：https://docs.aws.amazon.com/ja_jp/IAM/latest/UserGuide/access_policies.html

　この中で最も重要なのが Effect です。記載するポリシーを許可（Allow）するのか、拒否（Deny）するのかを記載します。次に重要なのが Action になります。実際にどういう動作をするのかを記載します。Effect と組み合わせることで、Action を許可・拒否することができます。続いて比較的重要なのが Principal と Resource です。Principal はユーザーやロールに対してつける条件になります。Resource は AWS のサービスになります。

　つまり、だれ（Principal）や、何（Resource）に対して、Effect + Action で、どういう操作を許可・拒否するか、という設定を行います。そのため、AWS においてサービスを安全に使う場合は Action の定義が一番重要になります。すべての Action の中から、外部アクセスやそれに関連するものを抽出し、適切にコントロールする必要があります。

　なお、Action の記載は AWS が提供する API コール時に内部的に判定される権限確認になります。そのため、1 つの API コールで複数の Action が使われることもまれにありますので、Action を拒否した場合には、使いたい API がブロックされていないか確認する必要があります。

ロールとポリシーの関係

　さて、ここでもう少し具体的にロールとポリシーの関係を考えてみましょう。効率的に環境を展開するには、どの環境でも使うポリシーは共通ポリシーとしてまとめ、個別の要件がある場合に個別のポリシーとして設定します。

◎共通ポリシーを作成してうまく管理

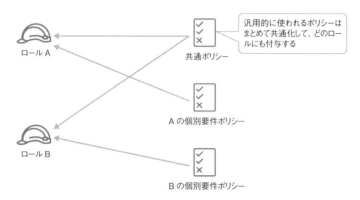

ロール A

共通ポリシー

汎用的に使われるポリシーは
まとめて共通化して、どのロー
ルにも付与する

A の個別要件ポリシー

ロール B

B の個別要件ポリシー

　図のように共通ポリシーを作ることでロール A にも B にもアタッチすることができます。共通ポリシーには毎回使う EC2 のポリシーだったり、S3 のポリシーなどを記載しておくとよいでしょう。

　これまでの説明で、新しいサービスを使うときの評価、特に VPC 外のサービスは難しいということはご理解いただけたと思いますが、このように新しいサービスを使うときには、はじめは個別要件のポリシーとしてまとめておくのがよいと思います。ある程度そのサービスが利用され、どのサービスでも使うようなものであれば、その内容を共通ポリシーに移すことで、効率的に管理することができるようになります。

　ちなみに、アタッチできるポリシーには上限があります。共通ポリシー 1、共通ポリシー 2…… のように共通のポリシーをたくさん作りすぎると、個別要件のポリシーをアタッチできなくなります。極力共通ポリシーは 1

つにして、ポリシーを共通化したいときには、共通ポリシーに移すほうが
よいと思います。

サービスの組み合わせを評価

　さて、複雑で難しいのがサービスを組み合わせることで発生する新たな
問題です。VPC内のサービスは安全ですが、バックアップが抜け道にな
りえるように、ほかにもさまざまなケースがありえます。それらを網羅的
に、かつきれいに整理する方法を残念ながら私は知りません。基本的にポ
リシーの整理の積み重ねと、組み合わせで生じる新しい可能性の検証を行
うしかないと思います。

　また、現状ではそこまでリスクに感じていないですが、AWSはサービ
スに対しての改修も頻繁に行っています。そのため、定期的に今使ってい
るサービスが安全かも確認する必要があると思います。「そこまでリスク
に感じていない」というのは、これまでセキュリティが甘くなるような改
修が行われず、逆に厳しくなる（厳しくできる）ものが多いからです。必
ずそうなるとは言えませんが、可能性としてはあるサービスが途中から極
端に甘くセキュリティポリシーを変えることは低いと思います。

　なお、組み合わせを考える上で一番判断が難しいのはLambdaです。
いろいろな意見があると思いますが、基本的にLambdaはサービスを結
びつけるために使ったほうがいいでしょう。理由としては、AWSにはす
でにさまざまなサービスが提供されていて、組み合わせて構築したほうが
効率が良いからです。自分で作り込んでしまうと負荷もかかりますし、簡
単に捨てることもできなくなります。マネージドなサービスを選択しなが
ら使うというのがこれからのシステム構築のスタンダードになると思いま
す。

　ちなみに、LambdaでもENI（Elastic Network Interface）をアタッチ
することでVPCの中に配置するのと同じような評価をすることができま

す。セキュリティの観点からすると、そのほうがコントロールしやすいのでオススメです。詳細はマニュアル[3]を確認してください。

　その他、よく見落としがちなのは、すでに記載したバックアップが抜け道になるケースと、ELBなどのアクセスログや監査ログです。監査ログは監査レベルを上げると、アプリケーションのデータや、データベースの操作、具体的にはSQLが取得できます。SQLにはWhere句で顧客番号や顧客名を指定することも多いので要注意です。これらのログの取得先は厳密に管理する必要があり、漏えいルートにならないように設計・設定する必要があります。

> **コラム：AWS の弱いところ**
>
> 　2019年現在ですが、私がAWSの弱点として考えているのが、監査ログの扱いの甘さです。ELBやRedshiftなどのサービスで監査ログを保存しようとすると、カスタマー管理のKMSで暗号化できないのです。不思議なのはデータ領域は暗号化できるのですが、ログ領域はできません。もちろんデータ領域のほうが重要なのですが、監査も重要ですし、しっかり暗号化できるべきだと私は考えます。
> 　AWSには、このように「なぜ？」と思う仕様がありますので、思い込みをせずにセキュリティ評価をしていく必要があります。

※3　https://docs.aws.amazon.com/ja_jp/lambda/latest/dg/vpc.html

セキュリティチェックの方法

設定ミスをなくす

　AWS 環境において最低限のセキュリティレベルを確保するには、Trusted Advisor の項目を確認します。Trusted Advisor にはコスト、パフォーマンスなどのほかにセキュリティの項目がありますので、まずはこの確認が必要です。ダッシュボードから問題のある箇所はわかるので対応します。

　ただ、どのアカウントでも考慮すべきことだけなので、独自に設定したセキュリティ基準を確認することはできません。AWS のサービスで使えるものは、AWS Config Rules になります。AWS Config で設定の履歴を残すことができるので、それを使ってルールに基づいたチェックをかけることができます。AWS が準備しているマネージドなルールもあるので、まずは使ってみるのがいいと思います。どういうルールがあるかはマニュアル[4] に記載されています。

　とはいえ、現状細かな設定ミスの検知は独自で作る必要があるものも多いので、まずは安全に使えるサービスを評価し、どういう設定をすれば安全なのかを理解することが重要です。先に記載したような多層防御は独自で考えるしかないので、そういうものへの対応は作り込みが必要になります。CloudWatch Logs や CloudTrail と Lambda を組み合わせることになりますが、足らない部分には必要な投資になります。

---

[4] https://docs.aws.amazon.com/ja_jp/config/latest/developerguide/managed-rules-by-aws-config.html

CIS ベンチマーク

　最近いろいろなところで CIS（Center for Internet Security）の記事を見かけるようになってきました。CIS は米国の非営利団体ですが、さまざまなセキュリティの提言を行っています。そんな CIS ですがベンチマークを発表していて、これがグローバルスタンダードになりつつあります。

・CIS Benchmarks
　https://www.cisecurity.org/cis-benchmarks/

　特に最近ではクラウドのセキュリティ設定のベンチマークも充実してきました。もともとは OS のベンチマークからスタートしてデータ保護のためにデータベースやアプリケーションサーバーが拡充されてきましたが、クラウドの設定もベンチマークで確認することができます。

　実際に URL をたどり、ベンチマークを見たほうが早いと思いますが、主要なクラウド、OS、ミドルウェアはかなりそろっています。OSS だけでなく、Oracle DB のような商用製品も含まれているのはありがたいところです。ぜひアクセスしてみて資料を取得してみてください。メールアドレスを登録すると無料で PDF をダウンロードできます。ちなみに、GitHub を検索すると CIS ベンチマーク対応のチェックスクリプトもあるので、こちらも活用しやすいと思います。

　なお、最近では CIS ベンチマークがいろいろな製品で取り込まれています。クラウド利用が進んでいると CASB（Cloud Access Security Broker）の導入がされている場合もあると思いますが、CASB でも CIS ベンチマークを取り込んでいるものもあるので、チェック機能として使うことができます。また、AWS であれば、Amazon Inspector で CIS 認定のルールパッケージを使うこともできますので、試してみるとよいと思います。

　これまで AWS のセキュリティ設定でポイントになるのは IAM（ポリシー）と記載してきました。一般的な管理方法についてですが、ABAC（Attribute-Based Access Control）が今後の主流になると考えています。IAM も対応する動きを見せています。

　ABAC は日本語に訳すと「属性ベースのアクセス管理」になります。基本的にはこれまで主流だったロールベースの権限管理（RBAC；Role-Based Access Control）を進化させたものです。ロールベースの管理はロール、つまり役割をベースにした管理方法です。

◎これまで主流だった RBAC の管理方法

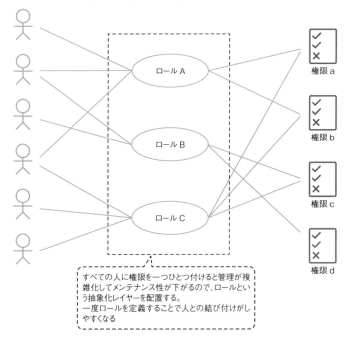

すべての人に権限を一つひとつ付けると管理が複雑化してメンテナンス性が下がるので、ロールという抽象化レイヤーを配置する。
一度ロールを定義することで人との結び付けがしやすくなる

役割とは仕事を機能分割したひとつの単位と考えることもできます。これはこれで明確に定義されているので合理的ですが、最近はより複雑な管理と、組織の変化への対応が求められるようになってきました。そこでABACはさまざまなシステムで管理される属性情報に着目したものになります。管理の概念は下図のようになります。

◎ **ABAC の管理概念**

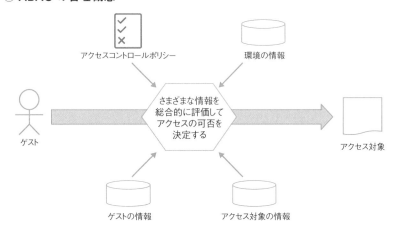

　ゲストがアクセス対象（たとえばある Word ドキュメント）にアクセスしようとしたときに、さまざまな情報を利用してコントロールします。これまでの RBAC の場合、ロール単位でのコントロールだったので、たとえば部署単位でロールコントロールされていました。銀行の融資に使うデータであれば、融資部の担当者以外にアクセスさせない、というようなコントロールです。

　ABAC ではより厳密に管理するためにさまざまな情報を使い判断するということになります。それぞれの情報の意味は以下のようになります。

・ゲストの情報…… 会社、部署、職位、ユーザー ID など
・アクセス対象の情報…… 所有者、ドキュメントの種類、作成したプロ

ジェクトなど

・環境の情報…… 現在の時間、ロケーション、アクセスデバイス（パソコン、スマホ）、暗号化状態、プロトコルなど

もう少し具体的に説明してみます。同じように銀行の融資で考えた場合、RBACでは融資部の人であれば社外のスマホからでもアクセスできるような管理になってしまいます。ABACの場合は、社外ではNG、スマホではNG、暗号化環境でのアクセスでなければNGなど、細かく設定することができます。もちろんこのコントロールはAND条件、OR条件なども設定できますので、さまざまな管理が可能になります。また、属性情報でコントロールしますので、新しい人が部署に異動してきたとしても、部署にその人を追加するというアクションではなくなります。属性を適切に変更することで、定められたポリシーが適用されていきます。

このように、基本的にABACはRBACと比べて細かい管理が可能で組織の拡張性に追従しやすくなります。逆にポリシー管理が難しくなり、そこに対しては負荷がかかります。ただ、グローバルベースではRBACからABACへの移行がはじまっていますので、特にエンタープライズ系の企業はその対応を検討する必要があると思います。特に、米国基準の監査などはこのような細かい管理が求められる可能性があり、将来に向けた準備を進めておく必要があります。

AWSの今後の展開

基本的にAWSのセキュリティはSecurity HubとControl Towerに集約されていく動きになっています。Security HubはGuardDuty、Inspector、MacieなどのAWSのセキュリティサービスに加え、サードパーティのサービスとの連携も強化されていきます。Control Towerのほうはマルチアカウント環境を安全に提供し、Configのサービスと連携して設定の乖離をチェックします。

これらの機能は有効ですし、利用しない手はありません。利用しないと管理方法がガラパゴス化してしまうリスクもあります。ただ、エンタープライズ系の企業において悩ましい問題もあります。どちらのサービスもGUI が前提です。一見するとわかりやすいのですが、そのまま運用部門に引き継げるかというと、難しい課題が発生します。

　運用部門は運用方法を統一することで効率化します。仮にオンプレとクラウドを両方運用するとなれば、できれば同じ運用ツールでインターフェースを統一したいところです。しかし、実際にはオンプレもメインフレームや IA サーバーで別のツールの可能性もありますし、クラウドを使いはじめて AWS、Azure、Salesforce とそれぞれ別々に増えていったら運用コストが増大する可能性があります。通常はいくつかに環境を絞るのですべてを選択することはまれだと思いますが、それでも極力インターフェースを統一する必要があります。

　このあたりの課題に対して私がオススメしたいのは、個別のインターフェースは極力開発者が利用し、運用者にはいつも使っているツールに寄せる方法です。開発者はたとえ新機能で慣れていなかったとしても、自分で選択して導入するので馴染みやすい可能性が高いです。対して、運用者は独自の観点もあるので感覚的にわからないことも多く、ハードルが高いことが多いです。そのため、運用向けにはすでに使っているインターフェースに統合できるように模索したほうがいいでしょう。もちろんインターフェースを統一するには作り込みが必要になりますが、多少コストがかかってもそのほうが効率的だと思います。

10 章

結局重視すべきは
運用と保守

エンタープライズとして
必要な運用機能

　システムは構築した後のほうが重要です。システムを構成する製品、アーキテクチャ、プログラム言語、開発手法などが注目を集めやすいですが、システムのライフサイクル全体で見ると構築期間の何倍も長く運用されます。特にエンタープライズ系のシステムの場合は5年以上継続して運用されることがほとんどで、1、2年で使い捨てにするシステムはほとんどありません。つまり、構築前の段階から運用効率の良いものをよく考えて作る必要がありますし、運用フェーズで発生するシステム変更、つまり保守も意識したシステムにしなければなりません。ここでは運用と保守の基本を記載していきます。

　まず、オンプレ環境で必要な運用機能をクラウドに置き換えた場合、どうすればよいかを確認していきましょう。

ジョブ管理

　ジョブ管理は運用を意識したときに必ず必要になる機能です。まれにcron（OSのタイマー設定）でジョブを起動させるシステムを見かけることがありますが、運用のことを考えた仕組みだとは言えません。自分で構築して自分がずっと運用していくのであればcronでも何ら問題はありませんが、エンタープライズのシステムはたくさんの人が関係しますし、複雑なジョブを組む場合には関係性が見える化されている必要があります。何かの作業でジョブの起動時間をずらしたい場合、cronでは対処するのが難しくなりますし、ジョブの依存関係がある場合はもっと複雑です。さらに、ジョブが途中で失敗した場合にもリランする必要がありますが、そういう場合も考慮してジョブ化しておく必要があります。

そのため、ジョブ管理の仕組みは必ず必要になります。問題はどのように準備するかです。私のオススメはオンプレと同じジョブ管理を採用する方法です。理由は以下になります。

- 運用をオンプレと統一することが可能で、運用オペレーターに負荷がかからない（オペレーターのインターフェースを統一することができる）
- 管理方法を統一しておくことで社内のノウハウを共有したり、メンバー異動後の負荷が下がる
- ジョブ管理の仕組みには可用性が求められるため、ある程度実績のある製品のほうがトータル的に効率的

　運用ジョブの仕組みは地味なところがありますが、これらの理由を強く意識する必要があります。特に作り手はオペレーターのことをよく考える必要がありますし、使う期間は何年にも渡るので長期間安定して効率的かどうかを意識しなければなりません。

　さて、実際の構築方法ですが、ここは2つの手段が考えられます。ひとつはクラウド上に構築する方法、もうひとつはオンプレと共用する方法です。私はどちらも優劣はないと思います。

　クラウド上に構築する場合は現状では共有ディスクの構成を組みにくいので、オンプレで構築するよりも設計が難しくなります。オンプレに構築する場合は、管理ネットワークをオンプレからクラウドに延伸する必要がありますが、そこは技術的に問題になることはありません。そのため、自社にオンプレ環境が残っている場合は運用の仕組みも残っているでしょうからオンプレと共有し、オンプレをなくしてクラウドに移行するのであれば、クラウド上に組めばよいと思います。

　続いてメッセージ監視の仕組みです。基本的な考え方はジョブ管理と同じです。重視すべきは運用方法の統一で、オペレーターへのインターフェースの統一です。ただ、クラウド上にシステムを構築する場合には、メッセージの出し元がオンプレのように OS だけではないので注意が必要です。構成として以下のような違いがあります。

◎オンプレとクラウドの監視の違い

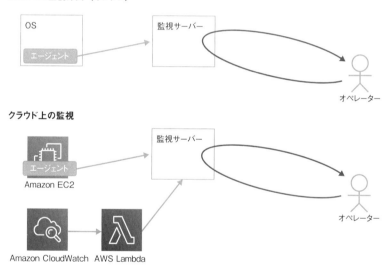

　図中の「監視サーバー」は従来どおりの監視の仕組みです。Zabbix やJP1、Tivoli などの製品を使うことが多いと思います。OS にエージェントを入れて監視を行います。クラウドの場合、単なる OS のコンピューティングリソースだけでなく、マネージドサービスもあります。AWS であればEC2 だけでなく、RDS や SQS などです。マネージドサービスには監視

サーバーのエージェントを入れられないので、別途連携する仕組みが必要です。やり方はいろいろあると思いますが、AWSであればLambdaを使い連携するのがよいと思います。最終的にいずれかの監視の仕組みに連携する必要がありますが、それには作り込みが必要です。

サーバー、プロセスの死活監視

　サーバーが生きているかはpingの応答を確認するケースが多いと思いますが、それだけでなくプロセスに対しても行うことがあります。プロセスはプログラムの実行インスタンス（プログラムがメモリにロードされて動いている）なので、OSは起動していてもプロセスが落ちているということもありえるからです。

　マネージドサービスの場合はプロセスレベルの監視は必要ありませんが（OSにアクセスできないので確認できません）、これまで監視していた項目を拾うことができるかどうかは確認しておくとよいと思います。RDSであれば、イベントカテゴリとメッセージの一覧がマニュアルにありますので、どのイベントのときにどのように通知するかは整理する必要があります。イベントの内容をそのまま監視サーバーに送ってしまうと、これまでの運用と変わってしまうからです。

　オンプレで運用が確立されているのであれば、オンプレで監視するメッセージに文字列を合わせるのが理想的です。たとえば、オンプレでOracle DBを構築していた場合、監視の仕組みがあり出力方法も決まっていると思います。その内容に合わせてRDSの通知もできれば、同じ対応手順になるのでオペレーターの負荷を下げることができます。

パスワード自動変更

　近年はパスワードの管理を厳密に求められるようになってきました。特に本番環境の場合は、定期的にパスワードを変更する必要があったり、ワ

ンタイムパスワードを利用することもあります。OSにログインするとき
にはオンプレと同様にコントロールすることができますが、クラウドの場
合は少し考慮が必要です。

　AWSの場合、ルートユーザーを普段使わないようにしたり、多要素
認証（MFA）を行うことが推奨されますが、エンタープライズ系の企業
であれば、自社内にADサーバー（Active Directoryサーバー）がある
と思いますので、アカウント管理を自社のADサーバーに集約しましょ
う。IAMユーザーを作成しダイレクトにアクセスさせずに、ADサーバー
（ADFSを利用）を通すことによって外部環境からのアクセスを遮断で
きますし、管理も集約されているほうが合理的になります。同じ方法で
Salesforceなどのほかのクラウドも管理することができます。パスワード
の変更ポリシーについても、ADサーバー側で管理できます。

不正ログイン検知

　OSで不正ログインの検知をする場合はOSの操作履歴を照合検知する
必要があります。専用の製品を導入するか作り込んでおく必要があります。
クラウドでも同様にOSへの対処は可能ですが、それ以外のサービスへの
考慮も必要になります。特に、コンソールログインは注意が必要です。

　AWSで検知しようとする場合は、まずはCloudtrailを有効にして操作
ログを取得する必要があります。そしてCloudWatch Logsと連携し、メ
トリクスフィルタの設定をするのがよいでしょう。Cloudtrailを使うと情
報が残りますので、下記のマニュアルのような検知が可能です。

・AWS コンソールのサインインイベント
https://docs.aws.amazon.com/ja_jp/awscloudtrail/latest/userguide/
cloudtrail-event-reference-aws-console-sign-in-events.html

ここではMFAを使ったかどうか、ルートユーザーでアクセスしたかど

うかがわかります。自分たちが使っていないタイミングでログインがある
ということは不正アクセスを疑う必要もあり、このように検知する仕組み
を独自に組み込んでいくとよいでしょう。

デプロイ管理と監視

　オンプレの場合、デプロイといえば主にアプリケーションのデプロイが
中心です。たとえば、APサーバーにプログラムを配置するときに正しく
デプロイされているか、また意図していない変更が行われていないかを確
認します。やり方はいろいろありますが、広く汎用的に行うにはOS上の
ファイルとタイムスタンプを確認するのが一番簡単でしょう。それだけだ
と弱い部分もあるので、DevOps化がされていれば、CI/CDツール（CD
のほう）を利用するのがよいと思います。ただ、エンタープライズ系の企
業では内部統制から開発と運用の分離が求められ、デプロイが簡単には行
えないので工夫が必要です。

　経験上、オンプレのデプロイではワークフローの組み込みが必須です。
承認者を決めて、本番環境を勝手に変更できない統制が必要になります。
クラウドの場合難しくなるのは、デプロイの範囲が増えるところです。単
純にOS上にファイルをデプロイするだけであればオンプレと同様ですが、
実際には多くのソースコードをデプロイする必要が出てきます。特に管理
が難しいのは、クラウドを管理するコードと、サーバーレス環境へのデプ
ロイです。

　AWSでいうと、クラウドを管理するコードはCloudFormationや、そ
の他環境を操作するCLIコマンドになります。これらをどう安全にコン
トロールするか、変更があった場合のトレーサビリティをどのように残す
かは考える必要があります。また、管理コードの一部としてIAM関連の
コード、特にポリシーの管理も重要です。ポリシーのアップデート、つま
りデプロイをどう管理するかは難しい問題です。また、サーバーレスであ
るLambdaのソースコードデプロイも重要です。

これらの管理ツールも徐々に出始めているので、そういうものを導入するか、自前で管理ツールを構築するかのどちらかが求められます。既存のオンプレのデプロイツールがあれば、S3に対して配信できる仕組みにして、S3のバージョン機能を使う方法もあります。最終的にS3上から適用する部分は、エンタープライズレベルでかっちりしたデプロイ管理をするには、現状多少なりとも作り込みが必要です。

オペレーションツール

　最後はオペレーションツールになります。一番利用されるのが何かトラブルが発生したときの基本的な復旧です。復旧は運用タスクの一部なので運用部門が担いますが、たとえばサーバーのリブートや、バックアップからの復旧などです。ジョブが失敗したときに単純にリランで回復できないときには復旧のオペレーションを行います。

　これらのオペレーションを運用部門が行うのですが、運用部門もオペレーターの人数が限られているのでツール化しておかないと対応できません。ツールのインターフェースを統一して、復旧の手順書に従って実行します。経験上オペレーターは積極的にOSに入って複雑なコマンドを行ってはくれません。すべてのシステムを運用していて扱う製品が多岐に渡るので、それらすべてを習得するのも現実的ではないためです。スキル習得ができていないのに無理に操作を行うと二次災害につながります。そのため、オペレーターは単純化されたツールの実行のみを行います。

　この原則はクラウドであっても同様です。オペレーターはオンプレもクラウドも同じ要員で対応しなければならないので、クラウドだから特別なオペレーションをやってもらうということはできません。そのため、復旧のためのオペレーションはオンプレと同じインターフェースにしておく必要があります。

　なお、クラウドの場合はオンプレと異なり、インフラ操作をコマンドですべて行うことができます。ハードウェアの故障で交換要員を手配する必

要はなく、インスタンスを別の場所で起動することで復旧できるからです。そのため、オンプレと比較して復旧できる幅が広いことと、すべてコマンドで実行できるので、ある程度自動リカバリさせることが可能になります。もし、インフラ、アプリケーションがべき等性がある状態に持っていければ、かなりの部分で自動復旧ができるようになります。実際には100%べき等性を確保するのは不可能ですが、オンプレと比べると網羅率を高めることができるので、自動復旧を増やすことでトラブル対応が減り、運用部門の負荷を下げることも可能になります。

バージョンアップとメンテナンス

バージョンアップは頻繁にある

　クラウドで提供されるサービスの多くは頻繁にバージョンアップされます。クラウドはエンタープライズ向けに特化しているわけではありませんし、変化の激しい業界なので、バージョンアップして進化しなければ生き残れません。そのため、発想としてバージョンアップありきで考えておく必要があります。

　オンプレの場合、バージョンアップは大変な作業です。特に重要システムでデータベースをバージョンアップするのは大変です。アプリケーションを網羅的に動かして影響がないかを確認する必要があります。経験がないとピンとこないかもしれませんが、データベースはバージョンアップによって結果は変わりませんが、性能が変わってしまうことが多々あります。速くなるのであればだれも文句を言わないのですが、遅くなることもよくあります。これが曲者で、ちょっとだけ遅くなるわけではなく、10倍以上遅くなることもあります。そのため、バージョンアップ後に今までと同じような性能が得られるかは重要な確認事項です。ただ、その確認にはかなり負荷がかかります。

　クラウドの場合、冒頭でも述べたようにバージョンアップありきです。それにつきあっていくしかありません。問題はどうつきあっていくかです。やり方としてはおよそ3パターンに分かれるでしょう。

① クラウド移行とともに多少のトラブルは受け入れる
② オンプレと同じように頑張る
③ ポイントを絞って自動テストする

①は一番簡単かつ明快です。トラブルを受け入れる文化へのスイッチです。バージョンアップでトラブルになることがあるのは知っていても、実際にはそんなに発生するわけでもないし、発生したときに考えればいいじゃない？ というものです。コスト的には一番合理的ですが、問題は受け入れられるか、です。

あまり良い方法ではないですが、個人的にオススメなのは、クラウドは可用性が低いと誤解している人がいるので、それを逆手にとって開き直る方法です。経験上、多少のリスクが取れる人はシステムを理解していることが多いので、トラブルは発生しにくいものです。理解せずに丸投げしている人ほど、トラブル発生時の対処に自信がないのでリスクを取りたがりません。どうしても受け入れられないならオンプレで手間のかかる方法を続けたほうがいいと塩対応して、理解のある人だけ文化の違いを受け入れてもらうというのも手です。

②は体力勝負するパターンです。正直これはおすすめできません。コスト効率が悪いだけなので、クラウドをあきらめてオンプレで構築すべきです。マネージドサービスを使わずに IaaS（AWS なら EC2）のみで構築する手もなくはないですが、機能が制限されてしまうのでやめたほうがいいでしょう。

③は折衷案というかバランスの取れた案です。実際、塩対応ばかりしていると怒られますし、物事が進まないので（苦笑）、まともな案も用意しておきます。まず前提として、バージョンアップは頻繁にあるということは、何度も確認作業が発生するということになります。何度も作業するものこそ自動化が重要です。問題はどこを自動化するかです。アプローチは大きく2つあります。

ひとつはそのシステムで遅くなると非常に困る処理だけ自動化します。バッチ処理ならある程度の処理量を流せるようにします。オンライン系なら Selenium などを使って自動化するとよいと思います。もうひとつのほうがオススメですが、システム的にリソースをたくさん使う処理だけ確認する方法です。システムが極端に性能劣化するのは大量のリソースを使う

処理と相場は決まっています。リソースを使う、というのがピンとこなければ、大量のデータにアクセスする処理と言い換えてもよいでしょう。そういう弱点となる処理を日頃から見つけておいて、バージョンアップの際に自動テストします。

エンタープライズはブルーグリーン
デプロイメントを狙う

　続いてのメンテナンスのコツは、バージョンアップでミスしたときの対処です。基本的にバージョンアップで失敗したときの対処は、バージョンアップ前に戻します。すぐに戻る方法があれば、安心して作業できますし、先ほどの①の文化を受け入れるパターンも立派な選択肢になってきます。

ブルーグリーンデプロイメントとカナリアリリース

　3章の「テストはテストをやり直す単位で考える」(P.106)でブルーグリーンデプロイメントについて少しだけ触れましたが、ここではもう少し深く考えてみます。DevOpsで使われる一般的なデプロイ方式はブルーグリーンデプロイメントとカナリアリリースです。イメージを見たほうが早いと思うので図（右ページ）で解説します。

　まず、ブルーグリーンデプロイメントですが、これは「ブルー」と「グリーン」の2つのバージョンを保持します。ブルーが古いバージョンでグリーンが新しいバージョンであれば、グリーンのリリースで問題が発生すればブルーに戻すという方法です。これはクラウドと非常に相性が良く、ブルーとグリーンが両方必要なのは一時的で、しばらくして安定すればブルーは削除できます。クラウドであればインスタンスの停止で、課金も止まります。オンプレのようにサーバーを所有しないからできる大きなメリットです。

　なお、切り替えと切り戻しの方法はいろいろあります。私は15年以上前からこの運用をしていましたが、Web/APサーバーを複数準備してロー

◎ブルーグリーンデプロイメントとカナリアリリース

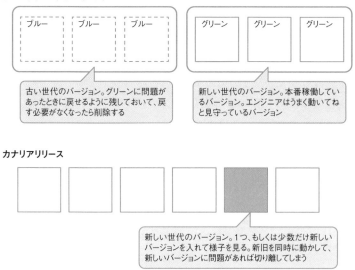

ブルーグリーンデプロイメント

| ブルー | ブルー | ブルー |

古い世代のバージョン。グリーンに問題があったときに戻せるように残しておいて、戻す必要がなくなったら削除する

| グリーン | グリーン | グリーン |

新しい世代のバージョン。本番稼働しているバージョン。エンジニアはうまく動いてねと見守っているバージョン

カナリアリリース

新しい世代のバージョン。1つ、もしくは少数だけ新しいバージョンを入れて様子を見る。新旧を同時に動かして、新しいバージョンに問題があれば切り離してしまう

ドバランサーで切り替えていました。当時は「A面B面切り替え[1]」と呼んでいましたがやっていたことは同じです。現在ならコンテナを活用するのがスマートでしょう。

　カナリアリリースのほうは、大量にあるサーバーの一部だけリリースして、問題がある場合にはそのサーバーだけ切り離す方法です。もともとは、メタンや一酸化炭素などのガスを検出するために、カナリアを炭鉱に連れて行ったことに由来しています。カナリアは人間よりもこれらのガスに敏感で、問題があると鳴きやむので、それを確認しながら作業したと言われます。イメージとしてはリリースしたサーバーをモニタリングして、判定するのと近いと思います。

---

[1]　レコードやカセットみたいで世代を感じますが。

ブルーグリーンとカナリアの違いですが、勘のいい方ならお気づきだと思いますが、カナリアのほうはシステム全体で見たときに一貫性がありません。新しいバージョンと古いバージョンが同時に動くわけですからビジネスロジックに違いがあれば結果は変わります。エンタープライズ系のシステムでは結果が重要なことが多いので、基本的ブルーグリーンデプロイメントのほうが使いやすいでしょう。

　なお、インフラに限っていえばカナリアリリースのほうが使いやすいケースもあります。図のような環境でパッチを適用するケースです。

◎インフラでカナリアリリースが有効なケース

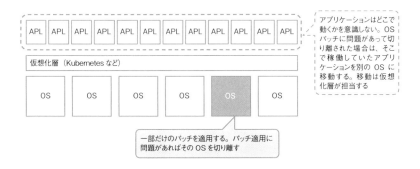

　一部の OS だけパッチ適用して、安全に動くことが確認できればほかに展開することができます。また、アプリケーションのポータビリティがあれば、インスタンスを停止しても切り替えることが可能です。そのため、仮にパッチ適用に問題があれば、その OS を落としてしまい（切り離し）、アプリケーションがほかで動くようにすればよい、ということになります。

データベースのバージョンアップ

　さて、ここまではデプロイの教科書的なお話です。実際にシステムのバージョンアップをするときに難しいのはデータベースと記載しましたが、データベースはブルーグリーンもカナリアも相性が悪いです。その理由は

CAP 定理に依存するためです。有名なので詳細な説明は省きますが、この特性によってデータベースは複数のインスタンスに分散するのが難しくなります。データベースは特にトランザクションを意識するのでブルーグリーンデプロイメントに頼ることになりますが、ブルーとグリーンの切り替えが難しくなります。

◎ブルーグリーンデプロイメントで簡単に戻せないケース

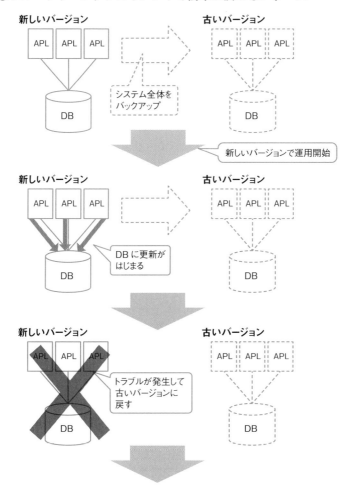

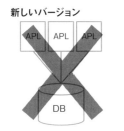

新しいバージョン

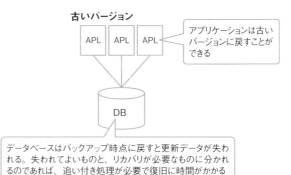

古いバージョン

アプリケーションは古いバージョンに戻すことができる

データベースはバックアップ時点に戻すと更新データが失われる。失われてよいものと、リカバリが必要なものに分かれるのであれば、追い付き処理が必要で復旧に時間がかかる

　データベースの場合、バグがあったときに元のバージョンに戻そうとすると、どの時点のデータに戻すかが難しいのです。バグが性能の問題だけであれば、データは正しい状態になっていてインスタンスだけ変えればいいのですが、データも壊すようなバグなら戻す地点が変わります。そのため、戻す場合に判断が必要で瞬時にはわからないのでダウンタイムが長引きます。つまり、それはバージョンアップしたときに問題があった場合、システムが使えなくなる時間が長くなることを意味し、ユーザーの不満へと繋がるのです。なお、データが過去の時点に戻る場合、その間に行われた処理はすべてなかったものになります。ユーザーからすると、使えないだけでなく、仕事や作業もなかったことにされるので、より不満が大きくなってしまうという特性もあります。

バージョンアップしないという選択

　選択肢としてなくはないのがバージョンアップしないという選択です。ただ、これは最終手段であって、以下の理由からオススメしません。

・セキュリティ上問題になる
・関連する製品もすべてバージョンアップできなくなる可能性が高い

・将来的な負担の増大

・組織も変わるので、対応できる人がいなくなる

・トラブル対応が難しくなる

　バージョンアップしないという方針は、そのシステムは塩漬けする勇気がなければ選択するべきではありません。多少トラブルが起こったとしてもバージョンは上げるべきです。特に、1つの製品だけバージョンを上げないという選択はかなり難しいので、システム全体が停滞することを理解すべきです。仮にデータベースのバージョンを上げないのであれば、関連するOSやAPサーバーも上げられない可能性が高くなります。

　プロジェクトの視点から考えると、そういう作業を定期的に行わないということはバージョンアップできる（スキルのある）エンジニアをリリースすることになるでしょう。それはトラブル対応も弱くします。つまり、トラブルが嫌でバージョンを上げないという選択をしたつもりが、トラブルに対応できないチームを作っているのです。チームとしては崩壊の道を進むだけで、良いことはありません。そのため、システムの廃止が決まっているような場合を除いて選択すべきではありません。

トラブル対応は極力自動で行う

原因追求を深追いせず、インスタンスを自動リブート

　クラウドは原因不明のトラブルがたくさん発生します。このため、クラウドを使う上で非常に重要なこととして、ハードウェアに何らかの問題があっても原因追求せずに切り替えられれば問題ないという発想が必要です。

　オンプレの場合、特に日本では過剰な品質を求める文化から、なぜ故障したのかを厳しく追及する傾向があります。結局はコストに見合うサービスを受けられているか、ですので追及することの是非を論じることはできませんが、重要なのはクラウドはそうではないと理解することです。仮にディスクすべてがクラッシュしてデータロストしても、その原因がクラウド側にあるのであれば追及するのは時間の無駄です。バックアップからどう復旧させるかを考えるべきで、バックアップ方法が悪ければそれを改善すればいいのです。もし、追及したいと思う、もしくはそういう文化なのであればクラウドを使うのはやめるべきです。

　そういう文化を受け入れ、合理的に考えると少なくともインフラでできることは非常に限られます。手段がほぼないので、問題のあったインスタンスを起動し直すという選択になります。仮想マシンやマネージドサービス、コンテナなどインスタンスによって起動方法は異なりますが、やり方は大きく変わりません。やることがシンプルかつ明確になるのであれば、その実装も可能です。自動でインスタンスをリブートできるようにすればよいということになります。

インフラ担当はトラブル通知を受けない

　さて、トラブルが起きたときの対処のメインがインスタンスリブートになるのであれば、そこからの復旧はシステムごとに異なります。インフラ担当はそこまでのバトンタッチを正確に行えるようにすればいいのです。

　そう考えると、そもそもインフラ担当はトラブル時に連絡を受ける必要がなくなります。復旧できるようにリブートしていれば、それ以上にできることがないからです。これはオンプレと仕事のやり方が大きく変わることを意味します。オンプレでハードウェアを所有していれば、故障すればどうしても物理的な交換やメンテナンスが必要です。部品を交換するにはデータセンターへの入館手続きをはじめ、多くの付随作業が必要になりますが、それらすべてが不要になります。今までトラブル対応で多くの時間を割いていた部分から解放されます。

　トラブル対応はある意味後ろ向きな仕事ですが、その時間を減らし別の時間を確保できればシステム全体はもっと良くなります。確保した時間で自動化を進めることができれば理想的ではないでしょうか。

分析に必要な性能情報は自動録画

　さらにトラブル時の対応を減らすことを考えてみましょう。トラブルが発生すると一般的に原因を追求すると思います。原因を知るにはいろいろな情報が必要になります。インフラ担当が要求される情報は性能に関するものになります。メッセージなどのログも必要なケースはありますが、それはインフラの機能としての確認が必要なケースで、利用者（アプリケーション担当者）から見ると、そこはインフラ側の責任で対処すればよいという部分になります。そのため、アプリケーションの担当者は自分のアプリケーションがどのような性能で動いていて、どのような影響を受けていたのか（与えていたのか）を知る必要が出てきます。

ポイントはそれらの性能情報をどのように取得するかです。人の手を介さずに自動化したいので、性能情報を常に取得しつづけて、いつでも見れるようにすることが重要です。お気に入りのテレビ番組の録画と同じで、肝心なときに録画し忘れて後悔しては意味がありません。常時テレビ番組を録画しておけば、録画し忘れもないですし観たいときにいつでも観ることができます（そういう製品もありますね）。

　インフラでも同じように"常時録画"が必須要件になりますが、クラウドだと少し工夫が必要です。クラウドでは利用料金を減らすために、不要なときにはインスタンスを停止する必要があります。場合によってはインスタンスの停止ではなく削除してしまう選択肢も持てるとよいでしょう。そのためには、仮にインスタンスを削除しても、次に再作成するときには自動で"常時録画"が再開される仕組みが必要になります。

◎ Fluentd を利用するケース

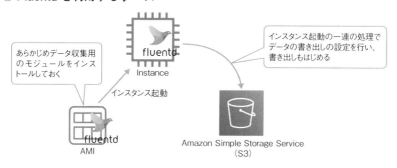

　図は一番簡単な例ですが、AWS であればインスタンスを作成する AMI（OS の仮想イメージ）に性能情報取得のモジュールを仕込みます。AWSの機能で性能情報を取得することもできますが、個別の情報を取得したくなることも多いので、好きな情報を取得できるようにしておくほうがオススメです。インスタンス起動後に Fluentd（オープンソースのデータ収集ソフトウェア）が自動起動し、データを S3 に自動格納すれば、必要なときに必要な情報を自動取得できます。

11 章

AWSを
エンタープライズの
システムで使いこなすコツ

AWS のリソース獲得の特性

インスタンスの種類

AWS のインスタンスは大きく以下のパターンに分かれます。

・オンデマンドインスタンス
・リザーブドインスタンス
・スポットインスタンス

一番基本的なインスタンスタイプが**オンデマンドインスタンス**です。ゲストが使いたいときにインスタンスを起動します。使う上で特に考慮はありません。強いて言えば、インスタンスを確保できない可能性がある、ということです。ただ、AWS の環境でオンデマンドインスタンスが確保できないケースは極めてまれというか、考慮不要のレベルと考えて問題ありません。ただし、起動するインスタンスが搭載する OS を含むソフトウェアによって課金される単位時間が変わるのでそこは注意が必要です。

リザーブドインスタンスは、一定期間インスタンスを確保することで割引を得るインスタンスになります。AWS から見るとインスタンスを借り切ってくれるので在庫リスクがなくなり、その分がディスカウントされます。オンデマンドインスタンスかリザーブドインスタンスの選択はどのくらい利用するかで決めます。インスタンスをほぼ起動したままであればリザーブドインスタンスのほうが安くなりますが、あまり使わずに停止できるのであればオンデマンドインスタンスのほうが安くなります。

スポットインスタンスは最も安いインスタンスになります。オンデマンドインスタンスで借りられずに残っている空きを安く利用することができ

ます。AWSから見ると在庫として抱えてしまっているので、安くてもいいので売ってしまおうという、安売りセールのようなものです。もちろんリスクはあり、イメージとしてはオークション形式なので、自分よりも高い値付けをする人がいるとインスタンスが停止してしまう可能性があります。ただ、2017年の大幅な改定で価格変動が緩やかになり、かなり使いやすくなりました。これらの特性をふまえて、インスタンスを効率的に選択する必要があります。

エンタープライズでスポットインスタンスが使えるか

効率的にAWSを使うのであれば、起動時間をうまくコントロールしてオンデマンドインスタンスの利用料を下げるのが王道です。ただ、大幅なディスカウントが適用されるスポットインスタンスは魅力です。問題はリスクの考え方と利用方法です。結論から言えば「エンタープライズのシステムでも十分使える」ものなので、その利用方法を見ていきましょう。

まず、スポットインスタンスの欠点から解説します。欠点を把握しておけば正しい使い方ができるためです。欠点は大きく2つあります。

・インスタンスを停止される可能性がある
・インスタンスを確保できない可能性がある

インスタンスを停止される可能性への対処

AWSでは停止2分前が警告期間になるので、その間に必要な処理があれば行う必要があります。AWSの設定面で考慮できることは、料金の設定を高めにしておく方法です。ほかの人よりも高く設定しておくことでリソースを停止されるリスクは減ります。なお、金額を指定しないとデフォルト（オンデマンド）の料金が最大で設定されます。オンデマンドよりも安くなればいいや、というのであれば、デフォルトのままでもよいでしょう。

ゲスト側から考慮しておくことは、停止できるアプリケーションの作りにしておくということです。一言で言えば、ステートレスでべき等性のあるアプリケーションです。ステートレスとは状態を持たせないということですが、要は失っては困るデータを残さないということです。インスタンスが停止されればもちろんメモリ上のデータは失われるので、そういう前提の作りが必要です。べき等性とはリトライしても同じ結果になるということですが、要するにどこで中断されても大丈夫な作りにしておくということです。中断された場所によって復旧方法が変わると非常に手間なので、もう一度リトライさえすればいいように作っておけば問題を回避できます。

インスタンスを確保できない可能性への対処

　インスタンスの確保については、詳細な理由はわかりませんが、AWSの空きキャパシティが少なくなると、まだ空きがあるように見えてもインスタンスを確保しにくくなるように感じます[※1]。ここは停止されることの予防にもなりますが、インスタンスをうまく選択します。スポットインスタンスは空きキャパシティに依存するので、AZごと、インスタンスごとに状況が変わります。つまり、空きが多そうなAZとインスタンスを選択すればよい、ということになります。

　空きが多いというのは要素としては2つあります。ひとつはAZ自体の大きさです。AZを構成するサーバーの台数が多ければそれだけ空きが多くなる可能性が高くなります。そういう意味での狙い目は北米のインスタンスです。特に北バージニアの環境は非常に広大と思われますので、空きキャパシティがなくなるリスクは低くなります。ちなみに、どのAZが空きが多いかは運だと思います。そのため、設定上はAZ単位での管理にはなりますが、あくまでもリージョンレベルの選択でいいと思います。

　もうひとつの要素は選択するインスタンスタイプです。AWSのEC2イ

[※1]　空きキャパシティもどのくらい残っているかはわからないので、推察でしかありませんが。

ンスタンスは新しいほど値段が高いということもないので、多くの人は心理的に最新のインスタンスを選択しがちです。そのため、スポットインスタンスが停止されてしまい、再起動したい場合はインスタンスタイプを変更して1世代前のインスタンスを確保しにいったほうがいいでしょう。なお、バージニアで確保が難しくなればオレゴンを選択する、という方法もあります。

また、別の選択肢として、EC2の「スポットフリート」もあります。スポットフリートを利用すると必要なインスタンス数をまとめて確保します。スポットインスタンスは止められてしまうという特性から、長時間起動するとリスクが増します。実行時間を短くするには並列処理できるように実装して、並行度を上げるのが最善の策です。並行度を上げるにはまとまったインスタンス数が必要になりますが、そのときにスポットフリートを使います。なお、あまりにも並行度を上げてしまうとインスタンス確保のほうが難しくなりますので、並行度と実行時間のバランスが重要です。

スポットインスタンスと相性のいい処理方式

最後にスポットインスタンスと相性のいい処理方式を紹介します。これらの処理であれば効率的に環境を使うことができるのでオススメです。

- マイクロサービス化されたアプリケーション（コンテナ実装されたもの）
- ステートレスに実装しやすいWebアプリケーション
- 並行度を上げられるデータ解析やハイパフォーマンスコンピューティング処理
- 時限の緩いバッチ処理
- 開発環境など止められても問題になりにくい環境

サーバーレス

クラウドを活用する上で最もリソース効率が良いのはサーバーレス

です。AWS なら Lambda になりますが、サーバーレスはコンテナ技術を利用します。コンテナといえば Docker でコンテナイメージを管理し、Kubernetes でコンテナ群をマネージメントしますが、そのような概念とは異なります。使っている技術はサーバーレスも Kubernetes も同じコンテナなので、同じように語られることが多いのですが、私はまったく別物として考えています。

- ●Docker や Kubernetes の概念
  - ・あくまでもインフラとしてのコンテナ管理の仕組み
  - ・コンテナというイメージ単位（バイナリ）でどうコントロールするかを検討
- ●サーバーレス
  - ・インフラを完全に切り離してプログラムが動くことだけを意識
  - ・管理対象はソースコード

　一番のポイントは、サーバーレスはインフラを意識しない点です。ソースコードを配置して、必要なときにコードが呼ばれ、起動から停止までをすべて Lambda に任せます。課金も Lambda が動いた時間だけされます。そのため、常に動きつづけるアプリケーションでなければ、Lambda はかなり利用料を下げることが可能です。AWS の Fargate も同じように稼働したコンテナに課金されますが、コンテナ（インフラ）を意識する部分が大きく異なります。

　このように、サーバーレスはシステム全体で考えたときに、より理想に近い仕組み（ビジネスロジックに集中できる）になります。なお、Lambda は物理的にはコンテナなので、メモリロードされていない初回の起動は遅くなります。そのため、安定した性能が求められるケースでは使い方の工夫が必要で、その点では多少インフラを意識する必要があります。ただ、その性能管理はアプリケーションエンジニアでも十分に対応できるので、ほとんどインフラエンジニアが介在しない世界へと移行することができます。

クラウドに必要な可用性

RTO（どれだけシステムが復旧するか）に注目する

　一般的なクラウドの可用性は確率で表現されます。99.99％なら、月に0.01％は停止する確率があることになります。1ヵ月が30日とすれば、30× 24 × 60 × 0.0001なので4.32分止まるであろうと言えます。とはいえ、これは可能性でしかないので、まったく止まらないこともあれば、4分以上止まることもあります。つまり、目安でしかないということです。

　この目安はクラウドのゲストからはアンコントローラブルな部分です。ゲストに可能な選択といえば、そのクラウドの可用性に満足できなければ、ほかに引っ越すということくらいでしょう。そこまで極端な議論をしてもあまり意味がないので現実的な話をすると、ゲストが何をすべきかといえば、復旧する時間を短くする手立てを考えます。実際のシステム停止はインフラが回復した後にアプリケーションを立ち上げ直す時間が必要です。つまり、重要なのはインフラの停止時間＋インフラの復旧時間＋アプリケーションの復旧時間です。確認すべきはシステム全体のRTO（Recovery Time Objective）になります。

　RTOを短くするにはいくつかの方法がありますが、性質が異なるのでAPサーバーとDBサーバーに分けて考えます。APサーバーのほうはデータを持たず、ステートレスに設計することで簡単に冗長化できます。複数起動してロードバランサーで振り分けるのが一般的な構成です。起動を早くするためにコンテナを使うことも可能ですが、そもそもAPサーバーは複数台にスケールしやすいので、台数を増やしてしまい、停止しない設計にしたほうがよいでしょう。もちろんサーバーが多くなる場合はコストに差が出ます。

問題はDBサーバーのほうになります。いまだに、特にエンタープライズ系のシステムで重要なRDBMSはスケールするのが苦手です。先にも触れたCAP定理があるからです。また、現状クラウドでは共有ディスク構成にすることが難しいので、基本的にはレプリケーション型のHA構成にするのが一般的です。DBサーバーはトラブルのパターンによって復旧方法と時間が大きく異なります。以下、図中に示した3つのパターンについて考えます。

◎ DB サーバーのトラブルパターン

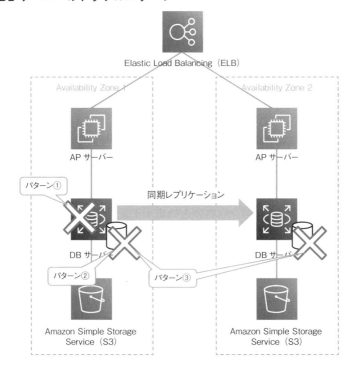

① 単純にサーバーが故障してインスタンスダウンする
② マスター側のディスクが破損する
③ 両方のディスクが破損する

①のパターンは復旧は単純です。DB サーバーの再起動になるので、OS、ミドルウェアが起動して、データベースのインスタンスリカバリが走れば終了です。インスタンスリカバリは、データベースが不完全な状態で落ちたときに、完全な状態まで復旧してくれる処理です。

　②のパターンは待機系のディスクに切り替えが必要です。この際 DB サーバーも切り替えが必要になります。データのコピーが同期であればディスク自体は問題ないので、RTO は①のパターンとほとんど同じです。なお、この両パターンの場合、経験的に RTO は 10 分以内に収まることが大半です。

　問題は③のパターンで、ディスクが全損するパターンです。現実的に冗長化していればほとんど発生しませんが、確率はゼロではありません。このときにはバックアップのストレージ（AWS であれば S3）からの復旧になりますので、かなり時間がかかります。ほぼ自動復旧できるレベルまで作り込んでも多少判断も必要でしょうから、復旧には早くても 30 分はかかると思います。

　なお、気になる方も多いと思うので記載しておきますが、AWS の RDS の場合、同期レプリケーションでマルチ AZ 構成にすることで、かなり高いレベルまで可用性を確保することができます。経験的にオンプレの Oracle RAC と同等のレベルで稼働できると言っていいと思います。そういう意味では、十分にエンタープライズレベルのニーズに応えられるものだと思います。

　ここでは昔ながらの AP サーバー、DB サーバーを例に記載しましたが、ステートレスに組めるアプリケーションレイヤーとデータを保存するデータレイヤーはほかの製品（NoSQL など）を使っても考え方は同様になります。

RPO（どれだけデータがロストするか）を考える

RTO の観点から考えると、たとえば AWS の RDS はマルチ AZ で同期コピーするのが良さそうです。ただ、それにはひとつ問題があります。利用料金が高くなってしまうという問題です。コピーできる環境を準備しておくので、2 倍の料金がかかります。それを高いと見るか安いと見るかはそのシステムの背景によるでしょう。マルチ AZ で組まないなら、データベースのディスクが破損した場合はバックアップからの復旧になります。RDS は S3 にバックアップできるので、S3 からリストアして復旧します。

◎ RPO の具体例

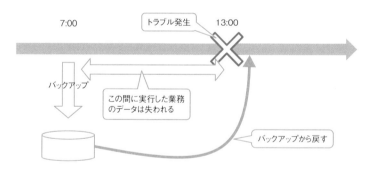

問題はバックアップ取得時点に戻ることと、リストアに時間がかかることです。バックアップディスクは低速であることが多いので、リストアには時間がかかることが多いです。特に問題になるのはバックアップ取得時点に戻ることだと思います。仮に毎朝7:00、業務がはじまる前にバックアップを取得しておけば、戻るのはその時点になります。システム用語としては RPO（Recovery Point Objective）で、失われるデータ（実際にはその間に行われる業務）を意識する必要があります。

バックアップを取得した時点に戻ってもよいかどうかはその業務に依存します。多くの人がたくさんの業務を行うようなオンライン業務は、データが過去に戻ってしまうと再現するのが大変です。一方で、初期のデータさえそろっていれば再実行できるようなバッチ系処理であれば、仮にデータが過去に戻ってしまっても復旧できます。その他、参照が中心のシステムであれば、そもそも更新がほとんどないのでデータが過去に戻ったとしても問題はないでしょう。

このように、業務の特性を把握しつつ、データが過去に戻ったときの影響を加味することが重要で、エンタープライズのシステムであっても利用料を削減する判断が必要になります。たとえば RDS の db.m5.2xlarge インスタンスで東京リージョンを選択すると、2019 年 7 月現在、シングル：2.056USD、マルチ：4.112USD です。1 年間の差額は約 2 百万円です。1 年間固定なのであればリザーブドインスタンスにすべきですが、いずれにしても 5 年間運用するとなるとそれなりの差額になります。

高可用性が求められるオンプレのシステムがクラウドで構築できるか

「非常に高い可用性が必要なシステム」と一言で表現しても、かなり段階があるので具体的に記載していきたいと思います。

まず、最も高いレベルといえばメインフレームになりますが、メインフレームとクラウドでは採用しているアーキテクチャが違いすぎるのと、動作するアプリケーションも違うのでここでは比較しません。もし、メインフレームのシステムをクラウド化するのであれば、インフラ構成だけでなく、言語選定など非常に多くの検討項目が必要です。

次にエンタープライズのシステムでよくある高可用性のシステムといえば、複数の AP サーバーと Oracle RAC で組むパターンです。いわゆる基幹系と呼ばれるシステムで採用されます。結論から言えば、この構成からがクラウド移行の対象になります。構成される代表的な例で解説します。

◎オンプレとクラウド（AWS）の構成比較

オンプレ

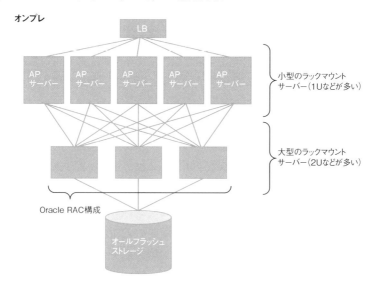

クラウド（AWS）

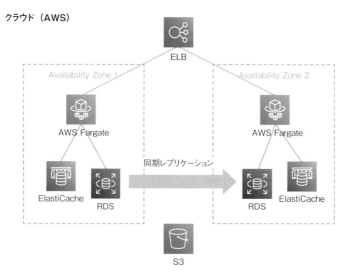

※本来ならば、ロードバランサー、NW機器、FC-SWなども登場しますが省略しています

まず、AP のレイヤーからです。ここはステートレスに実装するのがベストプラクティスですが、ステートレスであれば AWS のほうが可用性は高くなります。理由はマルチ AZ の構成が容易で、オンプレではマルチ AZ のようにデータセンターを超えて組むのは事実上困難だからです。せめてオンプレでできることは、ネットワーク経路を分けたり、分電盤の電源系統を分けるくらいです。フロアを分けるのも難しいでしょう。さらに、AWS のほうは Fargate を利用した図にしています。EC2 で組む場合とハードウェア的な故障率の差はないと思われますが、コンテナを利用することで起動を早くすることができます。また、拡張性も高いので可能であれば採用すべきアーキテクチャです。

　次にデータベースのレイヤーです。Oracle DB は非常に優秀なデータベースで、実際に使ってみても現在利用可能な RDBMS で最も優れています。欲しい機能が当たり前に搭載されていますし、可用性確保には RAC 構成が強力です。スケールできるようにうまく使えばしっかりと性能向上も見込めます。そのため、ここを AWS に移行するには工夫が必要です。

　先の RTO の項で解説したように、失いたくないデータがある場合は同期コピーする必要があるのですが、多少性能が悪くなります。その理由は AZ 間の距離です。経験的に AZ 間の距離は 50 〜 100km くらい離れていると推察されます。遠距離にデータ転送しているので、可用性はオンプレで組むよりも高いとも言えますが、引き換えに性能が悪くなります。

　また、Oracle RAC は組めないので、複数の DB サーバーで捌けていた処理も 1 台に集約されます。このため、性能を補完するためにキャッシュ層を使う必要があります。図では ElastiCache を選択していますが、これ自体でも可用性は高いので、信頼できるキャッシュと考えていいと思います。

　このように各レイヤーで考えても論理的にオンプレよりも高い可用性で

組むことが可能です。個々のハードウェアに関しても基本的には同じIA
サーバーの技術を使っていますので、極端に差は出ません。オンプレで高
性能なIAサーバーを選択し可用性を高めるという手もありますが、クラ
ウドは大量ロットで同一のハードウェアを利用できるので、ハードウェア
的な問題やバグ出しをしやすく、品質管理をしやすくなります。そう考え
ると、やはりハードウェア的なアドバンテージをオンプレで出すのは難し
いと考えています。

　唯一懸念があるとすれば、トラブルが起きた後の対処です。オンプレの
場合、自分ですべて選択して構成しているので原因追及が可能です。気に
なる部分については、納得いくまでベンダーに問い合わせしようと思えば
できます。ただ、それはトラブルが起きた後の対応の話で、重要なのはト
ラブルが起きる確率です。もっと言えば、システム停止でどれだけビジネ
スが止まるかです。そこにそれほど差がない、もしくはクラウドのほうが
可用性を高くできるのであれば、クラウドを選択しない理由を見つけるこ
とができないと私は考えます。

　なお、災害対策環境（災対環境）まで加味するとそれは明らかにクラウ
ドのほうに優位性があるでしょう。AWSであればリージョン間のデータ
転送も容易ですし、まったく同じアーキテクチャで構築できます。海外リー
ジョンを選択できるのであれば、いつでもオンデマンドでサーバー起動で
きるので、普段は課金されません。無料で災害対策環境が手に入るとまで
は言えませんが、それに近いコスト感覚で準備しておくことが可能です。

性能問題を単純化できるように考える

チューニングコスト vs ハードウェアコスト

　エンタープライズのシステムだけの問題ではないかもしれませんが、エンジニアの経験やスキルでシステムが必要とするリソースは大きく変わります。私の実体験として、性能問題が生じてシステムがトラブルになり、徹底的に効率の悪いコードを見直したことがありました。全部取り除けたわけではありませんが、1年かけて対応して当初必要なリソースが半分になったことがあります。

　一般的にはチューニングという言葉で片付けられてしまいますが、実態としては性能面に関してのテストを十分に行っていないことが大半です。性能は目標を設定するのが非常に難しい項目です。たとえば、Webアプリケーションの応答時間が3秒だった場合、Webの機能、APの機能、DBの機能それぞれが何秒か定義することはできません。目標として仮置きすることはできるかもしれませんが、求められるのはトータルでの性能です。そのため、DBの機能で1秒かかって問題なのかどうかの判断が難しいのです。

　実際に性能改善するにはどうすればいいかというと、ソースコードを見る静的な解析と、実際に動かしたときの動作を見る動的な解析を地道に行うしかありません。静的解析もアンチパターンはありますが、同じコードでもある条件だと性能劣化しないが、ある条件だと性能劣化するということもあります。動的解析のほうはさらに複雑で、複数のアプリケーションが動作したときの組み合わせも考える必要があります。基本的にはアプリケーションが気持ちよく動けるか、どのようにハードウェアを使ってくれるかをイメージすればよいのですが、それを語るには本書では足りません

し本書の目的でもないので割愛します。

　20 年前は今と比べるとハードウェアが非常に高額でした。CPU どころ
かメモリの追加だけでも簡単には行えず、かつ部品が高額だったので性能
問題解決の手段としては最終奥義のようなものでした。ただ、現在ではハー
ドウェアが非常に安く手に入るようになったため、いつしかチューニング
コストよりもハードウェアのパワーで無理やり解決するほうがコスト的に
安くなってきました。

　もちろんアプリケーションのロジック次第でいくらでも無駄なリソース
を使うコーディングはできるので、際限がないといえばそうなのですが、
ただ（変な言い回しですが）一般的にダメなコードであればハードウェア
で解決したほうが安くなってきたと思います。また、チューニングには非
常に高度なスキルが求められますが、それができる人が非常に少なくかつ
単価が高いという問題もあります。エンタープライズ系の企業の場合、シ
ステムを量産することも考えなければならないので、スキルがそこそこの
人でも構築できるように誘導する必要があります。そのため、現在では性
能問題をハードウェアで解決するという手段が有効です。

ハードウェア増強のやり方

　オンプレでハードウェアを増強する場合、サーバーを止めて CPU を交
換・追加したり、メモリを追加する必要があります。VMware などで仮
想化していれば、ハードウェアとして空きがあれば仮想マシンを止めて割
り当てリソースを変更することで増強可能です。クラウドでもやり方は基
本的に同じです。OS 上の CPU、メモリを増やしますが、クラウドの場合
（AWS では）インスタンスタイプを変更します。仮想化されているので、
OS を停止して起動するインスタンスを大きなものにします。このインス
タンスの種類がとにかく豊富に用意されています。

　オンプレは細かく部品ごとに選別して変更することはできますが、ドラ

スティックにかつ簡単に構成を変えるのは難しいと言えます。クラウドならば、CPUが重視されたインスタンス、メモリが大きめのインスタンス、ディスク重視のインスタンスなどが豊富にあり、それを簡単に変更することができます。実際に動作させてみて不足しているリソースが増強されるように調整すればよいのです。変更自体も、停止→変更→起動だけで可能なので時間もほとんどかかりません。ちょっと試すだけであれば30分もかからないので、そういう手軽さもクラウドならではです。

ミドルウェアのパラメータに静的な情報を 持たせない

さて、性能増強の方法がインスタンスタイプの変更であるならば、インスタンスを変えた後にできるだけ手間がかからないようにしなければなりません。OSは起動すると自動でCPU数やメモリサイズを認識して動きます。同じようにOSに入れるミドルウェア、アプリケーションもCPUやメモリを自動認識して設定を変えるようにしなければなりません。もし、静的な値を持ってしまっていると、インスタンスタイプを変更しても性能向上しません。

◎**自動でスケールアウトするイメージ**

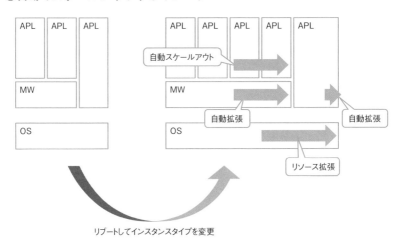

図のように OS が認識しているリソースが拡張すれば、それに合わせて
ミドルウェアやアプリケーションも拡張・スケールアウトする必要があり
ます。特に、ミドルウェアでは、静的な情報としてメモリサイズを持って
いるものが多くあります。データベースであれば共有メモリのサイズで
あったり、JVM であればヒープサイズなど、いろいろなサイズを指定す
るパラメータがあります。

　また、インスタンスタイプを変更する場合、CPU のコア数も増加します。
そのため、同時に起動できるプロセス数も増やすことができます。マルチ
プロセスで動くプログラムであれば、そこがスケールアウトするように設
定しておく必要もあります。

　このように性能拡張を簡単にするには実際の性能拡張の方法を知り、そ
の方法によってどの部分のリソースが変わるのかを検討しておく必要があ
ります。自前でこの設計を行うのはけっこう難しいと思いますので、そう
いうときはマネージドサービスを使いましょう。たとえば、AWS で RDS
を使う場合には、データベースのこれらのパラメータは自動拡張に対応し
た設計がされています。そのため、RDS の能力に不足を感じてインスタン
スタイプを変更すると、自動で能力向上されるようになります。細かい
考慮やメモリチューニングは不要なので、積極的にマネージドサービスを
使っていくことをおすすめします。

12章

ないものは作る

EC2 が本丸

　AWS を利用するにあたり、マネージドサービスを使ったり、サーバーレスを利用したりするのは非常に効率的です。ただ、実態として必ずといっていいほど EC2 の利用ニーズはあります。特にエンタープライズのシステムだとほぼすべてのプロジェクトで EC2 を使いたいというニーズが発生します。ここではまず、EC2 を利用するニーズについてまとめてみたいと思います。

① オンプレからのリフトで極力そのまま移行したい
② 利用するパッケージ製品の要件で必要
③ 運用ツールが OS が存在することを前提に設計されている
④ オンプレや外部とのシステム連携がある
⑤ これまで積み上げたセキュリティ概念を適用しやすい
⑥ 単純にエンジニアがいない

　実際にクラウドを利用していると、①のニーズが一番多いと思います。オンプレからの移行を考えたときにいきなりアーキテクチャも見直してリフトアンドシフトを一気に行うのは現実的に難しい場合が多いと思います。一部クラウドのサービスに移行しつつも、多くの部分はオンプレのままの仕組みを適用する必要もあるので、そういうケースではどうしても OS が必要になります。

次に多いのが②のパッケージ製品の制約です。現状ほとんどの製品が OS 上に構築するパッケージになっています。特にビジネス向けのクラウドネイティブのパッケージ製品を見ることはほとんどありません。ベンダーからするとクラウド移行するのであれば、そもそもパッケージ製品として販売するよりも SaaS として提供してしまったほうが効率的だと思います。そのため、パッケージ製品の制約が出てくるケースもオンプレからのリフトが多いのが実態でしょう。

　③は運用を意識するとどうしても OS が必要になるというケースです。リリース後のシステム運用はオペレーターに依頼することがありますが、オペレーターが利用するツールはこれまでのオンプレの蓄積があるのでどうしても OS 上に構築するのが一般的です。多くの製品はクライアントをそれぞれの OS に入れて何らかのやり取りを行います。そうなるとサーバーレスでは組みようがないので、仮にサーバーレス主体のアーキテクチャであったとしても、既存の運用システムとの連携の部分においては OS が必要になってしまいます。

　④はシステム連携です。特に連携の相手先システムの OS と通信しなければならない場合は、どうしてもこちらにも OS が必要になることが多いと思います。プロトコルを整理すれば必ずしも OS は必要ないですが、そこまで柔軟に相手先システムも対応してくれないのが実態でしょう。また、相手のシステムがいる場合は、何か問題が発生したときのキャッチアップが難しいことも多いと思います。自分だけで決められないので対応手段が限られてしまい、結果的にそれがプロジェクトリスクになることも多いと思います。

　⑤はセキュリティの観点です。経験上、新しい方式やアーキテクチャを採用した場合のセキュリティ対応はかなり負荷がかかります。セキュリティ上に問題がないことを確認するのは当然ですが、対応した内容がセ

キュリティ上問題ないか説明できるということも重要です。

　エンタープライズのシステムのセキュリティは、単に安全であればよいというものではありません。さまざまな監査にも対応して組まれているので、監査指摘があったときに説明できるかも重要なためです。そこまでの対応を行うとかなり時間がかかり、結果として OS で構築するという選択をすることも多くあります。

　最後の⑥はエンジニアの問題です。実はこれが一番大きな問題だと思います。パレートの法則ではありませんが、新しいことにチャレンジする人はやはり 2 割程度しかいないと思います。理由はさまざまありますが、基本的に変化に対して保守的です。どう考えても長期的に考えるとチャレンジしたほうがいいと思う場合でも、目の前のプロジェクトの最適化しか考えないということも多く見受けられます。ただ、後ろ向きな状態で変化を強要してもうまくいかないので、そこは個々の人に任せるしかないと思います。

OS のインスタンスがある前提での作り込み

　どうしても OS が存在する前提で考えた場合、OS 以上の設定はクラウド業者からは提供されないので自分たちで考える必要があります。

　そもそも OS 以上に何かを追加設定するためには 2 つの考え方があります。必要なものを追加した状態で OS のイメージを取得して利用する方法と、まっさらな OS のイメージだけを準備しておいて、そこからの追加部分を自動で行えるようにする方法です。

◎独自で作り込む範囲

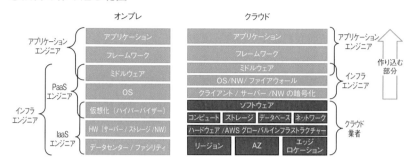

　2章で AWS の責任共有モデルを紹介しましたが、独自に作り込む必要があるのは右側の上部になります。ここを含めた形で OS イメージを取得するか、自動で作れるようにします。前者は AWS であれば AMI イメージを取得する方法です。後者は Ansible や Chef などを使う方法になります。

　技術的にはどちらでも可能ですが、エンタープライズでの利用を考えると後者のほうがオススメです。前者の AMI 取得のパターンを選択すると AMI のバリエーションがかなり増えます。バリエーションを減らそうとすると、標準的な AMI を作成しておいて、そこからの差分は個別に対応する必要が出てきます。個別対応部分で Ansible などを使うのであれば、はじめから Ansible で作ってしまったほうが効率は良くなります。なお、経験的にすべて Ansible や Chef で対応しきれないので、自動化を求めるのであればシェルなどほかの手段でも作り込みが必要になります。

　次に自動化を念頭において考えた場合、必要になるのは CI/CD ツールです。これも、OS 展開してから簡単に利用できるようにする必要があります。また、CI/CD ツール自体を OS 上にインストールする必要もあるので、何も考えずに作っていくと、Web/AP サーバー、バッチサーバー、CI/CD 用のサーバーなど、OS の数が増えてしまいます。OS の数が増えすぎるとメンテナンス性が落ちる原因にもなるので、極力 OS 数は増やさず、何を共有化して作っていくかの判断が重要になります。

　最後にシステムを構築・運用していくと、バックアップを取らないシス

テムが増えてきます。完全に自動化できている、イミュータブルインフラストラクチャーが実現できていればバックアップは不要かもしれませんが、実際には難しい面もあるので、バックアップは取得したおいたほうがよいと思います。AWSであればEC2を使う場合は必ずバックアップを取得しておくことをオススメします。2019年にはAWS Backupが東京リージョンにも対応したので、すべてのOSにデフォルトで設定してしまうのがよいでしょう。なお、バックアップは本番環境だけでなく、開発環境も取得しておく必要があります。

障害は独自に判定

　AWSでEC2をベースにシステムを組んだときに必要になってくるのは障害の検知と切り替えです。基本的にインスタンスのオートリカバリー機能はありますが、それ以上の復旧機能はありません。AWSが提唱するベストプラクティスとしてはマルチAZで組んで、かつオートスケールを使用するやり方があります。ただ、既存のシステムがある場合、特にオンプレからの移行を考えるといきなりオートスケールにするのはハードルが高かったりします。もし、スケールできるシステムに作り替えることができるなら一気にコンテナ化したほうがいいでしょう。

　そこで、検討するのは独自のトラブル時の切り替えロジックです。自分のサーバーを監視して、問題があればAZを切り替えることができますし、作り方次第ではリージョン切り替えも可能になりますのでマルチAZよりも高機能になります。現状、AWSの機能でリージョン障害を検知することはできません。AZ自体が複数のデータセンターで構成されていて、そのAZを複数組み合わせてリージョンが形成されているので、もしリージョン障害が起きるとすると、相当大規模なトラブルなので前提としていないのだと思われます。

　AWSのリージョンは複数のデータセンターを組み合わせた構成なので、すでにオンプレよりも可用性が高いともいえますが、関東広域被災のよう

な大規模災害が発生するとリージョンが全滅する可能性はあります。ただ、これまでの巨大地震を見る限り、関東にデータセンターを分散配置していれば、物理的に全部のデータセンターが倒壊することはほぼなさそうです。

　問題は、ネットワークの断線と、電力障害です。2018 年に北海道で発生した地震（北海道胆振東部地震）ではブラックアウト（広域に影響する大規模停電）が発生しました。そのため、少なくともブラックアウトまでは想定しておくべきだと思います。そうなると、クラウドを使う場合はリージョンの切り替えが必要になり、関西に切り替えるか（AWS なら大阪）、海外に切り替えるかのどちらかになります。どちらのほうが安全かというのは難しい判断です。物理的には影響を受けない海外のほうが安全とも思えますが、海底ケーブルが切れてしまうと、そもそもアクセスできなくなる可能性があります。もちろん関西にしたところで、同じような問題はありますので、実際にどこに切り替えるべきかは企業ごとにリスクを判断するしかないと思います。エンタープライズ系のシステムの中でも、社会インフラになっているようなシステムは、常に稼働しつづけることが求められるので、一般的なシステムよりも一段高いレベルで検討する必要があります。

　エンタープライズ系のシステムでも本当に重要なものはそこまで考えておく必要がありますし、実際に被災したときのシナリオも考えておく必要があります。かなり大規模な災害が発生したときには間違いなく混乱します。東日本大震災でもかなり混乱しましたが、そういう混乱の中でのリージョン切り替えは可能な限りシンプルにしておくか、自動で切り替えられるようにしておく必要があります。そういうことも検討した上での設計が必要ですし、クラウド業者の前提を超えるような想定をするのであれば、自分で機能として構築する必要が出てきます。

　2019年に東京リージョンで障害が発生しました。AWSからも正式に情報公開されていますが[1]、結局のところAZを構成するデータセンターのうち、一箇所のデータセンターの一部のエリアが使えなくなったということです。わかりにくいと思うので図示すると以下のようになります。

◎東京リージョン障害

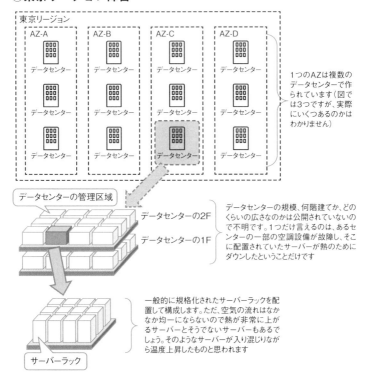

　責任共有モデルのとおり、データセンターの管理はAWSが行うので具体的な構成に関する情報はわかりません。ただ、状況か

ら考えられることはある領域の空調が故障して排熱できなくなっ
たため、サーバーが徐々に動作しなくなったということです。

　データセンターで熱問題が発生するとかなり複雑な状況になり
ます。原因としては冷却は均一に行うのが難しいことと、CPU
は熱上昇するとクロック数が下がりスローダウンすることがある
ためです。まず、均一に冷却されないとどういう状況が生まれる
かというと、うまく動くサーバーと動かないサーバーが混在する
ことになります。また、クロック数が下がった場合、動作が低速
になります。そのため、システム全体で見るとうまく動くケース
と動かないケースが混在します。さらにうまく動かないケースで
も遅くなって動くパターンと動かずにタイムアウトするパターン
が出てきます。

　このトラブルは AZ の一部の障害だったので、マルチ AZ で組
んでおくか、動作させる AZ を切り替えることで回避・復旧でき
ました。ただ、ロードバランサーが関連すると上記のように不安
定な動作の影響を受けてしまいロードバランサーからの切り離し
が難しくなります。そこの難易度の高さはオンプレであっても同
じです。オンプレだと事象を把握しやすいのでより対応しやすい
部分があるとは思いますが、本質的にはそれほど差はありません。

　そのため、ある程度そういうシステム動作の特性を理解してお
いて、自主的に切り替えを行ったり縮退するのがよいでしょう。
また、今回の場合、EC2 や RDS のインスタンスが影響を受けて
いますが、図のようなサーバーラックに多く入っていたのでしょ
う。こればかりは運になりますが、ケースによっては S3 のサー
バーラックやほかのサービスだった可能性があります。影響を受
けるサービスごとに考えないとならないので復旧は単純ではない
と思いますが、障害が発生したときには事象を把握して、切り替
えられるものは切り替えてしまうというのがよいでしょう。

外部アクセスの遮断

　AWSではVPCという概念がありますが、これは文字どおり仮想的に
プライベートなクラウド空間になります。基本的にVPCの中は安全に使
うことができます。また、VPCはプライベートな空間なので、オンプレ
環境とも接続しやすくなります。ただ、必要な接続先は社内とは限りません。
最近ではいろいろな会社のサービスがクラウド上に移行しています。自社
と連携する会社がクラウド上にある可能性もあります。

　AWS上で外部との接続を行う方法は2つほど考えられます。

① 普通にインターネットに出ていく
② インターネットを経由せずに他社のAWS内の環境と連携する（接続先
　がAWSの場合）

　①は旧来からある概念で、DMZを構築するやり方です。構成の組み方
としてはバリエーションがあると思います。ELBを入れたほうがいいで
すが、ELBが対応しているプロトコルにも依存します。また、DMZを構
築しますが、ここはVPCから分割する方法とサブネットで分割する方法
があります。

　現在、AWSの環境はシステムごとにアカウントを分離して、VPCも分
離する構成が主流になっていて、社内に多くのVPCが構成されます。そ
ういう構成を意識するとDMZは独立したVPCにしておくことで、ほか
のシステムとDMZを共有することができます。

◎① DMZ の例

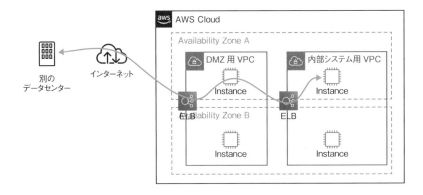

　②は PrivateLink を利用する方法です。PrivateLink はインターフェース型の VPC エンドポイントになります[※2]。

　図（次ページ）では DMZ の説明よりも少し詳しく記載するために、インバウンドとアウトバウンドを記載しました。エンドポイントを作成して、そこを経由して他社の環境に連携します。インターネットに出ないとしても、他社の環境が安全かどうかはわからないので、DMZ を構成するように専用の VPC を構築したイメージとしています。この VPC は、自社内に対しては共通の環境になります。つまり、自社のシステムが A、B、C……と増加しても対応できるようにするためです。

※2　「VPC エンドポイントを使う方法が PrivateLink と呼ばれている」と言ったほうがわかりやすいかもしれません。

◎② PrivateLink の例

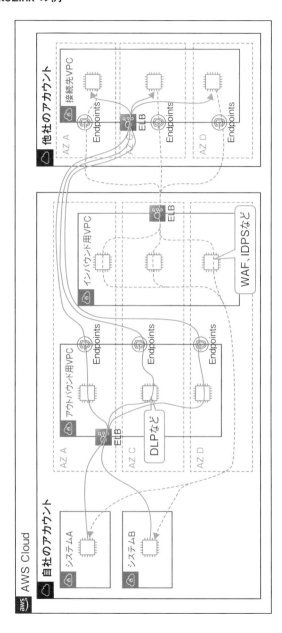

なお、この構成については 2018 年の re:Invent でヴァンガードブルームバーグの事例として公開されています[3]。金融系であれば、今後はこのようなサービスの連携、マーケット系の情報発信が充実していくでしょう。

CLI 環境を整備する

　AWS を利用する上で必ず必要になるのが、コンソール操作と CLI 操作です。特にシステムを自動化する場合、CLI は重要です。コンソールは人が画面を見て操作するので手作業が前提なので、自動化はできません。

　問題は CLI をどこから操作するかになります。操作元は同じクラウド内か、ほかから（オンプレなど）にするかの選択ができますが、実際の利用を考えると同じクラウド内からになるでしょう。

◎ CLI のアクセスルート

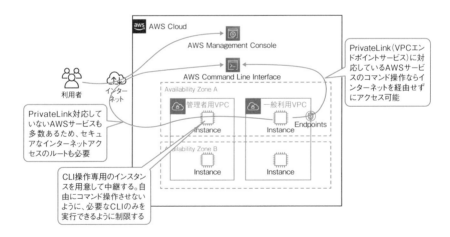

※ 3　https://www.youtube.com/watch?v=63NG-s-2HdQ

AWS の CLI 操作がインターネット経由にならなければよいのですが、2019 年 8 月現在ではすべてのサービスが PrivateLink に対応していないので、独自に安全なルートと仕組みを作り込む必要があります。

　クラウド内からの発行になると、VPC 内から外部インターネットへのルートが必要になることを意味します。せっかく VPC で安全な区画を整理してもバックドアのように外部へのルートが存在すると意味がありません。そうならないように CLI 操作専用の環境を構築する必要があります。DMZ と異なり、かなりプロトコルが限定的になるので管理はシンプルですが、同じように VPC を分割してだれでも操作できない構成にする必要があります。

　また、ルートだけの整理では制限が足りない場合もあるので、好き勝手に CLI コマンドを発行できないようにする必要があります。そのため、CLI コマンドをシェルなどでラップしてしまい、そのシェルだけが実行できるようにしておくのがよいでしょう。不必要な操作をさせないことが重要です。

AWS 環境のメタ情報を蓄積

構成管理 DB を構築して情報を蓄積

　AWS で環境構築するときには CloudFormation が非常に役立ちます。JSON か YAML ファイルで記載して、そのコードは Git などに格納するのが一般的ではないでしょうか？　それでも悪くはないのですが、環境が大きくなるともっと合理化したくなります。環境ごとにファイルが増えてしまうので、その管理負荷が高くなるのと、再利用性や効率が落ちていくためです。

　YAML ファイルが勝手に生成されることはないので、構成に関する要件の情報はどこかにあるはずです。7-4 節の「構成管理に Excel を使わない」（P.204）で記載したように、AWS の環境情報も Excel には格納しないようにすることをおすすめします。

　構成管理 DB からどうやって JSON や YAML ファイルを生成するかですが、実装方法としては、標準テンプレートとなる JSON・YAML ファイルを作成しておいて、一部を変数化して置き換える方法がいいでしょう。プログラムで動的に生成することもできなくはないですが、インデントを意識する必要があるので実装が難しいのと、テンプレートにしておいたほうが既存の CloudFormation 定義を使うこともできます。

　標準に収まらない場合は、標準テンプレートをフォークして分割するとよいでしょう。管理上あまりにもフォークが多くなってしまうのであれば、標準テンプレートを見直すか、標準にしている範囲を見直したほうがいいと思います。このようにして、データベースから SQL で可変項目を取得して、変数を置き換えていく仕組みを作ることで効率的に管理することが可能になります。

変更管理 DB とリポジトリ環境（ソース管理）を組み合わせる

　少し話が矛盾しますが、生成したソースコードはリポジトリで管理することをおすすめします。ここで、構成管理 DB からジェネレートできるのであれば管理不要では？と思われるかもしれません。実際に両方管理すると二重管理になるので効率は悪くなります。ただ、ここで記載しているリポジトリ管理は、ソースのバージョン管理ではありますが、それを目的にしていません。

　システムに変更を加える場合、その変更管理が必要になります。変更するときには、どの YAML を本番に適用しているのかを管理する必要があります。そのため、バージョン管理の機能とデプロイの機能を組み合わせ、さらにソースコードの差分（diff）を取れるようにします。そのためのコントロールはリポジトリツールを使うのが最も効果的だと思います。

　さらに、リポジトリ管理ツールは変更管理と連動させることが可能です。変更管理を Redmine で行うのであれば、GitHub や Subversion と連携させることが可能です。連携させて、その変更要件をチケット管理することでトレーサビリティと確実性を担保することができます。

　このような変更管理に関する仕組みはオールインワンのパッケージではなかなか提供されていないので、自分で作る必要があります。

デプロイの仕組みを作る

　リポジトリ管理のツールをデプロイに組み合わせるところまでは記載しました。問題はそのデプロイをどのように確実に行うかです。エンタープライズのシステムであれば、簡単にデプロイできないようにするためにワークフローを組み込む必要があります。ワークフローを組み込む目的は、どのコードのどのバージョンに対しての処理か、を明確にすることです。

また、いつ、だれが承認したのかも明確にすることで内部統制と監査にも対応します。

　さて、ここまではエンタープライズであればオンプレでも行なわれていたことだと思います。クラウドの場合、追加しなければならないデプロイルートがあります。AWS を例に記載すると、

・CloudFormation などで必要な JSON や YAML
・サーバーレスへの対応（Lambda のコード）

になります。また、クラウド化に合わせて、Infrastructure as Code を進める場合、以下も合わせて整備が必要です。

・構成管理ツールの各種設定ファイル（Ansible を使っているなら
　YAML）
・これらを CI/CD で組み合わせる場合のパイプライン定義

　これらの仕組みはクラウドならではと言えるでしょう。CloudFormation と Ansible などは CLI で実行できますので、実行元サーバーを決めてしまうのがいいでしょう。クラウドで完結させるのであれば、クラウド上に実行元サーバーを配置して、そこにデプロイすれば対応できます。

　少し手間なのはサーバーレスへの対応です。AWS には CodeDeploy という仕組みがありますが、このためだけに使うのはおすすめしません。仕組みとしてほかのデプロイと別になってしまいますし、ワークフローの統一も難しいからです。そのため、Lambda であれば、S3 経由でデプロイできる仕組みを作り込む必要があります。

　最後はパイプラインの対応です。Jenkins を使うのであれば、パイプラインを Jenkins サーバーにデプロイするので、対応としては普通の OS への配置と同じです。ここも特に難しいことはないでしょう。

このように、デプロイといっても自分たちの運用を考える必要があるのと、新しいサービスや概念が出てくればそれに合わせていく必要があります。現状デプロイも OS ベースのものがほとんどですが、今後はサーバーレスやコンテナが増えてくると思いますので、その都度改良する必要があります。

13章

AWS からの撤退

撤退が簡単な領域

エンタープライズの企業であれば、クラウドを利用する前に撤退の可能性も考えておく必要があります。実態として明日から使うのをやめましょう、ということになってすぐに切り替えることはできないと思いますが、どういう部分が撤退可能で、どういう部分が難しいかは認識しておく必要があります。

現状で考えれば、ときどき Azure の追い上げのニュースを目にしますが、2019 年 8 月現在ではまだまだ AWS のほうが圧倒的です。Office 365 などのサービスまで加えればそれなりの売り上げになっていますが、狭義の IaaS + PaaS の世界ではむしろ Azure は GCP と接近しています。

ただ、我々ゲストはクラウドのこのような戦略をしたたかに見る必要があります。たとえば Office 365 を例に考えた場合、相応の規模でサーバーを保持しているはずです。つまり、ハードウェアのリソース調達能力として考えれば Azure + Office 365 になるわけです。もちろんそうなれば規模は大きくなりますので、Intel 社への価格交渉や発言権も大きくなるでしょう。そういう意味では AWS が圧勝とも言えない可能性も出てきます。このような話は、同じようにほかにもあるので、広い目で見る必要もあります。たとえば、DELL がいまだに PC を手放さないのもこのようなスケールメリットの背景があると思われます。もちろんマイケル・デルの思い入れもあるかもしれませんが、PC の市場を一定規模で確保することは、さまざまなパーツの価格交渉においてサーバー市場にも影響します。

すべての状況を我々ゲストが見通すというのは難しいと思いますが、情報収集をしっかりと行い、状況を早めに判断することはそれだけでリスクを減らすことが可能です。

ビジネスロジック部分は撤退が容易

　考え方としては、「スケールしやすい仕組みは撤退も容易」と言えます。ステートレスに組まれているアプリケーションであれば、ほかに移動しやすいことになりますので、そもそもそういう作りにしておくことが重要です。また、ステート（状態）やデータ自体の扱いはビジネスロジック本体と分けておく必要があります。分割しておけばビジネスロジック本体には手を入れずに変更することが可能になります。

◎ビジネスロジック部分とデータ格納部分を分離する

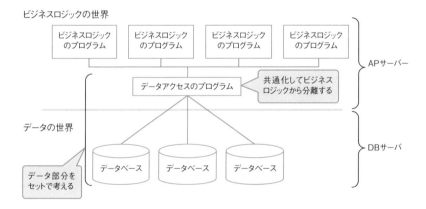

　このあたりのノウハウはクラウドは関係なく、古くからあるデータアクセスの分離の考え方で、DAO（Data Access Object）などに集約してビジネスロジックを記載する場所と分離します。仮にDBが変更になってもビジネスロジックに影響が出ないようにするためです。

　また、データベースも極力汎用的なものを選んでおいたほうがよいでしょう。RDBMSであればどのクラウドでも、Oracle DB、MySQL、PosgreSQL、SQLServerなどは選択できると思います。これらを利用し

ていれば比較的マイグレーションの難易度は下がります。逆に、AWSで
あれば、Redshift、DynamoDB、Timestreamなどの独自サービスを選択
するときには注意が必要です。実態としては選択したほうがトータルで見
ても効果的だと思いますが、将来の移行のこともある程度は考えておく必
要があるでしょう。

どこのレイヤーで疎結合を実現するか？

　ハードウェア、ミドルウェア、アプリケーションとレイヤーがあった場
合に、どこかのレイヤーでお互いを完全に疎結合にしなければほかの環境
にポーティングすることはできません。

◎移行先の責任分界点を意識する

AWSの責任共有モデル

AWSとゲストの境界が他に移行しても変わらないようにする必要がある。境界を分ける技術としては、「仮想化技術—OS」か、「OS—コンテナ」のどちらかになる。他の環境にOSイメージを移行するのは難しいため、よりポータビリティのあるコンテナのほうが移行しやすい。

　AWSの責任共有モデル[1]で説明しますが、AWSとゲストの責任分界
点が移行先でも同じようにしておく必要があります。ここにずれが生じる

※1　AWSの責任共有モデルの図は昔から利用されているものなので、コンテナでは
　　　なく旧来からあるEC2を利用する前提の図になっています。

と移行の際に作り込みを行う必要があり、簡単にはいきません。幸いにも
AWS とその他の環境（オンプレやその他のクラウド）では同じような技
術を使うことが可能なので、そのまま当てはめることができます。

　1つ目は仮想化しているレイヤーと OS のレイヤーでの分離です。これ
はオンプレの VMware 環境から AWS に移行するときと同じことをする
ことになります。OS イメージをほかで動かすという方法です。ただ、OS
イメージをほかに持ち出して同じように動かすのは少し手間がかかりま
す。認識するデバイスやドライバーなど多少考慮が必要だからです。また、
Amazon Linux を使っている場合にはポーティングできません。

　2つ目はコンテナの技術を使う方法です。私はポーティングを考えると
こちらのほうがオススメです。移行単位を小さくできるというのもありま
すが、その下のコンテナのマネージメント技術が Kubernetes でデファク
トスタンダードになっているためです。この方法をとる場合、撤退を考え
てアプリケーションを実装するのであれば、はじめからコンテナで実装し
ておく必要があります。

撤退が難しい領域

S3 からの撤退は困難

　私が AWS のサービスで最も優れていると感じているのは S3 です。非常に高い可用性を持たせて、性能も十分で、安定した環境を提供するのは簡単に実現できることではありません。規模的にもネットワークの構成面でもオンプレで実現することはほぼ不可能です。ほかに移行する場合、少なくとも可用性と性能が劣化する前提で考える必要があります。Azureの Blob Storage に移行する手も考えられますが、その場合クラウドからクラウドへの移行になるので、その移行にどれだけの意味があるかは考えておく必要があります。仮に移行しても同じ理由でさらに別のところに移行が発生するようでは、かなり非効率だからです。

　さらに S3 からの移行が困難なのは、AWS のほとんどすべてのアーキテクチャは S3 を中心にして成り立っていることです。AWS を利用する上で少なからずマネージドサービスを使っていくことになりますが、それは簡単に S3 から移行できなくなっていることを意味します。直接的に S3 にデータを置かなかったとしてもログなどの保存場所に S3 が利用されていて、そのログを加工する処理を組み込んでいればそれらもまとめて移行が必要になります。そのため、AWS から撤退するのであれば、S3 に関しての移行は相当ハードルが高いという前提で考えておきましょう。

データストアの考慮

　はじめから移行を前提にするのであれば、データの保存場所を十分に考えておく必要があります。S3 のようなオブジェクトストレージ、RDBMS

に入れるようなテーブル情報、KVS（Key-Value Store）などさまざまなデータの保存形態がありますが、それぞれのパターンでどのように置き換えできるかを考えて、移行パターンを検討する必要があります。

まずはオブジェクトストレージからです。AWSではS3になりますが、格納単位はファイルです。そのため、移行する場合はファイル単位での移行になります。また、オブジェクトストレージを使う場合にはデータモデリングを行わないことが多いと思います。ただ、ある程度データは整理しておかないと使いにくくなるので、S3バケットの単位をうまく整理しておくことが重要です。S3バケットの命名ルールや、利用するシステムをごちゃ混ぜにしないことです。極端に高い機密性が求められるファイルであればバケットを論理的に分割しておいたほうがいいでしょうし、業務的なデータとログなどは分割しておくべきです。ある程度整理されていれば、移行の単位はバケット単位にすることも可能になります。

次いでRDBMSです。RDBMSについてはそもそもオンプレから移管しているものが多いので、移行は比較的容易です。AWSオリジナルのRDBMSのエンジンは現状ありません。AuroraもMySQLかPostgreSQLと互換性があるのでアプリケーションはそのまま動きます。唯一気をつけておきたいのは運用のツールです。インスタンス操作やバックアップなどは別環境になるとまったく異なりますし、性能を確認するPerformance Insightsももちろん使うことはできません。それらは移行のタイミングで置き換えが必要になります。

最後はKVSです。KVSも比較的OSSのものが使われているので移行はしやすいと思います。たとえば、Redisを使いたくてAmazon ElastiCacheを使うことがあると思いますが、このようなケースは移行はしやすいです。Redis自体はOSSで一般的ですし、AzureであればAzure Cache for Redisもあります。また、そもそもKVSには永続性の必要なデータを保存せず、一時的なキャッシュとして使うというポリシーでコントロールするのも有効です。キャッシュとしてだけの用途であればデータを移行するのは容易です。

撤退先の選定

　最後に撤退先についてです。実際の選択肢ごとに考えていきますが、候補としてはほかのクラウド、自社のオンプレ、その他のデータセンターのいずれかになります。

ほかのクラウド

　現状、ほかのクラウドで選択肢になるのは Azure か GCP（Google Cloud Platform）のどちらかになると思います。ほかにもクラウドはありますが、ピンポイントなニーズでなければ選択肢にするのは難しいと思います。Azure と GCP でよりエンタープライズ向きなのは Azure ではないでしょうか。エンタープライズ企業であれば一定数の Windows OS があるでしょうし、Active Directory でも管理していると思うので、ID のコントロールのしやすさという点では、AWS よりもむしろ Azure のほうがよいかもしれません。

　このように、現実的にエンタープライズ向けで AWS からほかのクラウドに移行する場合は、選択肢は Azure のみになると考えています。そう考えるのであれば、事前にある程度整理しておくとよいでしょう。幸いにも Azure ではすでに比較資料を作成しています。

・AWS サービスと Azure サービスの比較
https://docs.microsoft.com/ja-jp/azure/architecture/aws-professional/services

これを確認して同じようなサービスがあるものであれば移行しやすいと

考えて、AWS のサービスを選定するのもひとつの考え方です。

　ちなみに、1-3 節（P.31）で業界ナンバーワンについて触れましたが、ナンバーツー以降の会社はこのような比較資料を作る必要が出てきてしまいます。もちろんナンバーワンに対して挑戦するので、相手を分析するのは必要なことですが、これらの活動にも負荷はかかります。ナンバーワンにはこのような作業をする必要がないので、その分より良いサービス開発に注力できます。この差は大きいということです。

　なお、2019 年 6 月に Microsoft Azure と Oracle Cloud の相互接続が発表されましたが、システムを設計する側からすると、積極的に使いたいという感じにはなれません。オンプレ環境をすべて廃止してしまうことができるのであれば利用する手もあると思いますが、もしオンプレ環境が残っているのであれば、私ならオンプレを選択します。

自社のセンター（オンプレ）

　クラウドに行ったものの、やはりオンプレに戻ってくるというパターンです。これは現実的には選択しえないと思います。一部のシステムは戻すことができるかもしれませんが、IaaS から構築しなければならないオンプレ環境はクラウドと比べると圧倒的に開発効率が悪いです。

　クラウド化が進むと、IaaS としてのクラウド利用は徐々に減っていき、クラウド上でのマネージドサービスを使ってシステムを構築することが増えてきます。そのため、オンプレに戻す場合はそれらのマネージドサービスまでを自前で構築する必要がありますが、それは現実的とは言えません。コスト的に考えてもマネージドサービスの構築負荷はかなり大きいため、バランスしないと考えます。そのため、クラウド化の選択は片道切符のようなものだと考えるべきだと思います。

　逆の見方をすると、マネージドサービスを使えないオンプレを使いつづけるという選択肢も良いものとは言えないでしょう。クラウドの進化よりも自社のオンプレ環境の進化が早ければ別ですが、現実的にそのようなこ

とはあり得ません。もしオンプレ環境のほうが進化が早いのであれば、その会社はクラウドサービスを提供すべきです。革新的なものをスピード感を持って提供できればあっという間にリーディングカンパニーになれるでしょう。

エクイニクスやアット東京

　クラウドの入口になっているデータセンターがあります。AWSであればエクイニクスやアット東京などになります。仮に、一部クラウドから撤退しなければならなくなったのであれば、自社のデータセンターよりはこのようなデータセンターをうまく使いながら、マルチクラウドを目指すのが現実的な選択肢です。

◎クラウドに接続しているデータセンターの例

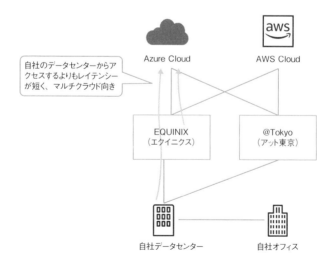

　図のように、クラウドにアクセスするためにはエクイニクスなどを経由する必要がありますが、どうしてもクラウドに移行できないシステムがあ

るのであれば、このような構成が有力かと思います。自社のセンターを持たなくて済むだけでなく、効率的なデータセンターを利用できて、かつクラウドにも近い環境です。マルチクラウドのハブのような位置づけに自社センターの機能を移行するのはさまざまな面からも有効です。

　そのため、本気でマルチクラウドを検討する場合は、これらのセンターにデータを集めるのがよいでしょう。両方のクラウドで利用しやすくなります。ただ、その場合以下の2点には注意が必要です。

・たとえば AWS の S3 にデータを格納するよりも性能面でかなり不利
・クラウド上の冗長構成と比べて可用性が低い

　1点目については、Direct Connect するとしても AWS までのレイテンシーがあることに加え、S3 と比べてネットワークが圧倒的に遅くなります。AWS 上の S3 とほかのインスタンスのネットワークはかなり太いものですが、Direct Connect を同レベルの帯域にするのは事実上不可能です。金額が非常に高額になるためです。そのため、仮にこれらのデータセンターにデータを配置するとしても、リアルタイムで大量のデータ処理を行うことはできません。マスターとなるデータを格納しておいて、各クラウドに持ち込んで処理する形態にせざるを得ません。

　2点目は可用性の問題です。仮にセンターを借りるにしてもそのセンターがダウンしてしまうと復旧できなくなります。そのため、複数のデータセンターに分散させる必要が出てきますが、そうなるとこちらもコストと性能の問題が出てきます。とはいえ、複数クラウドに対してのハブのような位置づけで構築しなければならないので、極めて高い可用性が必要です。さらに、災害対策環境が必要なのであれば、遠隔地にもデータセンターを確保する必要があり、非常にコストがかかることになります。

　このように AWS からの撤退先について考えてみましたが、仮に撤退するとなるとかなり選択肢が限られることと、コストが非常に高額になりま

す。少し引いた目線で考えれば自明なのですが、グローバル展開して調達力や規模が圧倒的な AWS と、自社単独で環境を準備して近いレベルの SLA を実現しようとするのにはかなり無理があります。そのため、ビジネス上何らかの理由でクラウドが使えないのであれば別の手段を考える必要がありますが、基本的にはクラウドを利用する方針にして確保されたリソースとサービスをスピーディに活用し、ビジネスを加速させるのが最良の選択肢になります。

おわりに

　3 年ほど前、三菱 UFJ フィナンシャル・グループ（以降 MUFG として記載）は、AWS をはじめとするクラウドの活用を宣言し、「クラウド・ファースト」で積極的な活用を進めてきました。

　クラウド活用の狙いは、基盤構築コストや期間の効率化・短縮化、定期的に発生する EOS 作業の軽減、ピークや障害を想定した過剰な H/W 設備の効率化等ですが、真の目的は、MAX スピードで IT サービスを提供することと、利用できるものはどんどん利用し、真に付加価値のあるサービスを「創り出す」ことにパワーシフトすること、の 2 点にあります。

　ただ実際の活用にあたっては、セキュリティレベルの確保や人材育成、各種サービスの利活用等、さまざまな苦労があり、都度課題を解決しながら進んでいるのが実態です。一方、クラウド基盤で提供されるサービスも日々進化・拡充しており、効果的な活用により、驚くほどスピーディな IT サービス提供が可能となってきています。

　三菱 UFJ インフォメーションテクノロジー株式会社は、MUFG 各社の IT システムの企画、開発、運用を担当しており、クラウド活用の先導的な役割を果たすことを常に念頭に置き、日々活動しています。

　本書は、「スピード」をキーワードとして、クラウド活用の実践的な方法を、開発プロセス、自動化ツール、情報共有、エンジニア育成、ツール環境、セキュリティ、運用等、さまざまな側面に関する課題と解決策を、わかりやすく提示しています。著者の南大輔氏は、当社および MUFG の基盤テクノロジーをリードする存在として、オンプレミス型の基盤から AWS をはじめとするクラウドに至るまで、多くのプロジェクトを率いてきました。その豊富な経験に基づく内容は、クラウド活用ジャーニーのさまざまなフェーズにいらっしゃる方々に、参考になったのではないかと思います。

　末筆ではございますが、この本を手に取られた皆さまの更なるご活躍をお祈り申し上げます。

2020 年 1 月
三菱 UFJ インフォメーションテクノロジー株式会社
取締役社長　亀田浩樹

あとがき

　12月に入り、あとがきを書いている地球の反対側のラスベガスでは今年も
AWS の re:Invent が開催されています。セッションの模様が大量に YouTube に
アップされはじめていますし、定期的に読んでいる AWS ブログも頻繁に更新
されています。AWS ブログは IFTTT を使って LINE に連携しているのですが、
LINE の未読件数も積み上がり、嫌になってきました（笑）。でも、それだけ世
の中は激しく動いているんですよね。面倒だなと思いながらも英語の文章に目を
通す日々ですが、正直日本語ならなぁと思います。

　今回の本のテーマとして、私なりに考えていたものは「スピード」です。最近
はビジネスの変化も激しく、時代の流れに追従していくのも大変です。そういう
スピードを支える大切な要素がクラウドの有効活用だと実感しています。ただ、
単にクラウドを使えばいいかというとそんなことはありません。特にエンタープ
ライズ企業にとってはセキュリティ、監査、規制対応など、対応しなければなら
ないことも多くあります。それらはともすればスピードを奪うものになりますが、
社会的な責任を果たす意味でも無視することはできません。これらの両立は難し
いですが、乗り越えなければならないことです。

　特に金融業界をとりまく環境はめまぐるしく変わっています。FinTech 企業
のようなスタートアップの参入だけでなく、異業種の参入も多くあります。従来
型の金融各社は、システムをしっかり、カッチリ構築することには長けていますが、
スピードに対しては苦手という会社が多いのではないかと考えています。しっか
りやる会社がどうやってスピードも手にするか、というのは私にとっても非常に
重要な命題です。

　実際にスピードを手にするには、チームをスピード型に変える必要があります。
カルチャーの改革と言ってよいでしょう。さらに、開発プロセスや社内手続き、
ルールも見直す必要があります。何か 1 つのピースが欠けても決してうまくいき
ません。すべてのピースをうまくはめ込み、かつ同時に実践していく必要があり
ます。

　特に私が難しいと感じるのは、実際に人が変わるには時間がかかるところだと
思います。私の頭の中ではもっと良くしていくアイディアがあっても、自分の組
織が変わっていくのには時間がかかります。さらに、しみついてしまった癖のよ
うなものは簡単には変えられません。ウォーターフォールも 1 つの文化を形成し

ていますが、それは簡単に変えられません。

「南さんのやることに意味があるんですか？」ということもよく言われます。実際のところ、本当に意味があるかは誰もわかりませんが、現在の状況を考えると変わらなければならないことは確かですし、自分たちができていないものに対しては考えてトライしていくしかありません。スピードを上げるには、あの手この手でフォローしつつ、その上でクラウドを使いこなす必要があります。今回の本はそのようなトライの一助になると幸いです。

さて、カルチャーを変える1つのアイディアを最後にご紹介します。それは自分のチームに外国人を入れてしまうことです。私のチームにも英語しか話せない外国人がいるのですが、大変ではあるものの、非常に面白いです。「価値観の違いってこういうことか」と思うことが多々あります。

一度、彼がメガネを無くして一緒に買いに行きましたが大変でした。そもそも近視と乱視を伝えるのも難しいですし、視力検査の円が切れているのも日本くらいのようなので（海外ではアルファベットが多いようです）前提が違いすぎました。また、食文化も違うので一緒にランチを食べるときのお店の選択も大変です。日本人だと当たり前のことが当たり前ではないのです。また、その当たり前のことに対して外国人からたくさん質問されます。

もちろんランチだけでなく、仕事も同じです。我々が当たり前にやっていることに対して質問をされると、「そもそも俺らって何でこれやってるんだ？」と思ってしまうことはよくあります。納得できる説明ができなければ、それはどこかに無駄があることかもしれません。それらを1つ1つ解決していくことはスピードアップにもつながっていると、最近では実感しています。いろいろと刺激的ですし楽しいので是非お勧めします。

謝辞

　今回対応していただいた緒方さまには非常にお世話になりました。私の変なこだわりのために、難解なご相談もしてしまいましたが、真摯にご対応いただき非常に感謝しております。また、出版にあたり、デザイン会社の方々、技術評論社の方々、その他関係者の方々も大変お世話になりました。この場を借りて厚く御礼申し上げます。

　また、日々ともに悩みながら仕事をしている山下 純司さん、伊吹 拓也さん、小宮 良祐さん、北村 尚志さん、野々山 京さん、髙橋 博実さん、朱田 翼さん、宇井 真さん、仲松 和彦さんには出版にあたり多大なるご協力をいただき、ありがとうございます。今後もご迷惑おかけしてしまうかもしれませんが、懲りずによろしくお願いします。

　さらに、今回のメインでもある AWS については、アマゾン ウェブ サービス ジャパン株式会社の松久 正幸さま、有岡 紘佑さまからも貴重なご意見をいただきありがとうございます。私の独自な解釈に対し、多角的なアドバイスを頂け非常に助かりました。ありがとうございました。

　最後に、これまで支えてくれた家族に感謝しつつ、この本を手に取ってくださった読者の方にお礼を申し上げて、ご挨拶とさせていただこうと思います。みなさま、ありがとうございました。

索 引

●南大輔（みなみ だいすけ）

三菱UFJインフォメーションテクノロジー株式会社インフラアーキテクト、クラウドチームマネージャ。
1978年生まれ。神奈川大卒。新卒後3年は下積み経験という位置づけでSIerに勤務。主にクラサバ系アプリケーションの実装を担当。データベースの知識をつけてから某大手証券のシステム部門に転職。当初は引き続きアプリケーション開発をしていたものの、トラブルを契機にアプリケーションのチューニングを担当。データベースを中心とするチューニング部隊を組成。その後社内クラウドの立ち上げとともに、インフラ部門にチューニングメンバーごと異動。社内クラウドのコンセプト、インフラ設計をおこなった。その後、三菱東京UFJ銀行（現、三菱UFJ銀行）に入行し、2016年より三菱UFJインフォメーションテクノロジーに出向。市場系システムを担当しつつ、標準化チームも運営。現在は標準化に加え、約100人のメンバーで行内のAWS開発を一手に引き受けつつ、全体アーキテクチャを検討している。

◆ブックデザイン　鈴木大輔・江崎輝海（有限会社ソウルデザイン）
◆DTP　SeaGrape
◆編集　緒方研一

エンタープライズシステム
クラウド活用の教科書
～スピードが活きる組織・開発チーム・エンジニア環境の作り方
2020年　1月29日　初版　第1刷発行

著　者　南 大輔
発行者　片岡 巌
発行所　株式会社技術評論社
　　　　東京都新宿区市谷左内町21-13
　　　　電話　03-3513-6150　販売促進部
　　　　　　　03-3513-6166　書籍編集部
印刷／製本　日経印刷株式会社

定価はカバーに表示してあります。

ISBN978-4-297-11155-7　C3055
Printed in Japan

●お問い合わせについて

本書に関するご質問は、FAXか書面でお願いいたします。電話での直接のお問い合わせにはお答えできませんので、あらかじめご了承ください。また、下記のWebサイトでも質問用フォームを用意しておりますので、ご利用ください。

ご質問の際には、書籍名と質問される該当ページ、返信先を明記してください。e-mailをお使いになられる方は、メールアドレスの併記をお願いいたします。ご質問の際に記載いただいた個人情報は質問の返答以外の目的には使用いたしません。

お送りいただいたご質問には、できる限り迅速にお答えするよう努力しておりますが、場合によってはお時間をいただくこともございます。なお、ご質問は、本書に記載されている内容に関するもののみとさせていただきます。

◆お問い合わせ先
〒162-0846 東京都新宿区市谷左内町21-13
株式会社技術評論社　書籍編集部
「エンタープライズシステム
　　クラウド活用の教科書」係
FAX：03-3513-6183
Web：https://gihyo.jp/book/